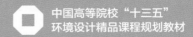

中国高等院校"十三五"
环境设计精品课程规划教材

范晓莉 / 编著

Interior Design for Commercial Office
办公空间设计

U0244069

中国青年出版社

图书在版编目（CIP）数据

办公空间设计 / 范晓莉编著. — 北京：中国青年出版社，2016.12（2022.2重印）

中国高等院校"十三五"环境设计精品课程规划教材

ISBN 978-7-5153-4587-1

I.①办…　II.①范…　III.①办公室－室内装饰设计－高等学校－教材　IV.①TU243

中国版本图书馆CIP数据核字（2016）第275285号

办公空间设计

中国高等院校"十三五"环境设计精品课程规划教材：

编　　著：范晓莉

出版发行：中国青年出版社

地　　址：北京市东城区东四十二条21号

电　　话：（010）59231565

传　　真：（010）59231381

企　　划：北京中青雄狮数码传媒科技有限公司

网　　址：www.cyp.com.cn

责任编辑：张军

助理编辑：杨佩云

专业顾问：马珊珊

书籍设计：吴艳蜂

印　　刷：天津融正印刷有限公司

开　　本：787×1092　1/16

印　　张：8

字　　数：154千

版　　次：2016年12月北京第1版

印　　次：2023年2月第4次印刷

书　　号：978-7-5153-4587-1

定　　价：49.80元

本书如有印装质量等问题，请与本社联系

电话：（010）59231565

读者来信：reader@cypmedia.com

如有其他问题请访问我们的网站：www.cypmedia.com

前言
PREFACE

　　办公空间设计是指对工作场所和空间进行规划与分割，对工作空间环境进行布置与设计。办公空间设计需要考虑多方面的问题，涉及科学、技术、人文、艺术等诸多因素，其最大目标就是要为工作人员创造一个舒适、方便、卫生、安全、高效的工作环境，以便更大限度地提高员工的工作效率。这一目标在当前商业竞争日益激烈的情况下显得更加重要，它是办公空间设计的基础，是办公空间设计的首要目标。成功的空间规划和空间设计方案是通过理解空间规划的过程而获得的，是通过询问、真正倾听，反复试验和失败，以及团队合作和同行批评，还有就是多年的实践经验并获得行业知识和对建筑和其他影响设计领域的各个方面的理解才达到的。尽管不同的项目中特定类型的室内空间和客户要求会有所不同，但通常的设计程序、服务对象、指导方针、组织空间规划以及室内空间的布置仍然是一致的，在这本书中为设计师列出了不同办公类型室内空间设计的应用程序和步骤。一旦理解和掌握了这种设计程序和步骤，设计师就可以在设计过程有所变通，通过技术和材料的手段，创造出符合场所特性的室内办公空间。

　　随着办公空间设计的经济因素、社会态度和主导技术的改变，办公室的规模和复杂性急剧膨胀，在系统的现代化设计和庞大、复杂的技术支持下，办公室发展成为方便人们工作的"高科技方盒子"。20世纪末，众多的新发明，如网络、电子邮件和移动通信等对21世纪初的办公空间室内装饰设计起着很大的催化作用，这些新发明在办公室的室内设计运用中成为新世纪的典范。20世纪办公空间室内设计具有空间形式上的叙述性、空间功能上的节点性、空间氛围上的和睦性及工作地点的可变动性等特征，它们深深启迪了21世纪工作、生活的方方面面，也正在取代或转化21世纪的工作、生活方式。

　　作为一本学院或大学教材，这本书的目标群体主要是环境艺术设计专业二年级或已经有设计原理、制图和CAD绘图等必备课程基础的高年级学生。这本书主要围绕着办公空间的历史发展、现代办公建筑的演变、办公空间的总体设计、办公空间的格局与规划、办公空间的功能与类型、办公空间的设计方法，以及办公空间的设计趋势和精彩案例分析等方面详细展开，可以继续作为一个好的参考资料以帮助学生完成他们的室内设计学位和在专业领域开始工作。设施经理和管理者也可以在他们接受改建或搬迁项目时使用本书作为指导。此外，这本书可以为那些愿意更好地理解室内设计专业、思考我们工作和生活空间的大众提供帮助。

目录
CONTENTS

CHAPTER 1

办公空间的设计概论

办公空间设计的发展与社会历史变迁中建筑的发展、设计风格的变化、家具及设备发展、工作形态变化及规划技术的发展等有着密切的关系。仔细思索我们会发现这些因素也互相影响，如工业革命以后的城市化，带动了办公大楼及办公室的需求。包豪斯以后的国际样式、现代主义、后现代主义、新古典主义等风格，对建筑设计、办公空间设计及家具设计也产生了深远的影响。科技发明不断影响着人类的生活形态，尤以计算机、电子设备、无线通信及网络的发明为甚。不断推陈出新的发明改变着人类的生活方式，特别是办公方式，新工作方式的出现从根本上颠覆了传统的办公室形态以上种种，使得办公空间规划设计呈现出多元化的发展风貌。

01 办公空间的历史发展过程

现代办公建筑的内部空间正是在漫长的历史过程中，一步一步演化而得到的产物。作为一个发展过程，现代办公建筑内部空间是对以往的继承、延续和发展的产物，同时也是后续发展的基础。研究它的历史，可以使人对办公建筑的内部空间有更好地理解。

一、农业社会
——办公功能的独立

从远古时代一直到18世纪，人类社会一直处于农业社会。中国传统的农业社会是以家庭为单位的个体农业作为社会生产的基础，此时的住宅既是生活场所，也是工作场所。"前店后宅""下店上宅""以店为家""店合一宅"，是这种生产生活方式下的工作空间形式的真实写照。宋代画家张择端的《清明上河图》所表现的北宋汴京的住宅就多属于这种。因此早期的办公行为作为一种非独立性分工，是融合在谋求生存资料的经济活动之中的，具有办公意义的工作场所总是和生活场所融合在一起。随着商品的极大丰富和人们对商品交换需求的不断增加，出现了商品交换、发放工钱、记录交易、文件信函交流等贸易活动，办公空间的需求也就应运而生。此时，人们的办公活动常常在其他空间进行，因此，其办公空间常常是与其他空间的一种融合或是模仿，并不具有办公空间自己的特色，并没有形成真正意义上的独立的办公空间。

人类的办公活动最早是在住宅中进行的。在17世纪的欧洲，贵族们在起居室甚至卧室等一些私密性极强的房间里举行会议，讨论政事。稍后出现的专用办公室大多也是由当时

01 . 佛罗伦萨的 The Ufizzi 是为人所知的第一栋办公建筑

的居住用房衍生而来的。在那时，办公活动只不过是家居生活的延续，办公室由一个个独立单间串联而成，室内布置有豪华的家具，繁琐的装饰以显示主人的财富和地位。例如，在欧洲中世纪晚期商业城市的行会大厦中，商人们的卧室就兼有办公室职能，然而其内部空间环境只是对起居室的模仿，并不具有办公空间自己的特色。书房作为办公空间的起源的另一种形式，是作为王宫贵族进行议事和决策的场所。书房作为办公空间已经有了巨大的发展，尽管其空间具有很大的封闭性，但是从卧室和起居室中脱离出来，形成了独立的空间，办公的功能实现了独立（图01）。

这种以舒适、轻松的家庭氛围为主的办公空间，在很长一段时间里，被人们认为是奢华与享受的、"毫无效益的场所"。直到今天，我们仍然可以从欧美一些政府机构的名称中发现其遗留痕迹，如英文中"众议院（House of Representatives）"的含义即为"代表们的住房"。

二、工业社会
——办公空间的形成与发展

18世纪60年代，发生了以蒸汽技术为标志的工业革命，揭开了人类文明史上新的一页。新机器、新技术、新材料和新工艺的发明和使用带来了机械化的大批量工业化生产。传统的家庭生产由于其原始性和低效率而无法与工业化生产相竞争，家庭的生产功能逐渐消失并最终退出了历史舞台。工业化生产取代了传统的手工艺劳动，工业经济开始取代农业经济成为社会发展的主要支柱和推动力量。18世纪末期至19世纪初期，办公空间初步形成，随着工业化在世界的蔓延，人们逐渐走出了农村而进入城市和工厂，集体办公室随之出现，真正意义上的办公空间开始产生。但此时办公空间的概念还没有从庄园、住宅及工厂服务楼的概念中脱离出来。办公环境处于简单的功能服务阶段，职员使用最多的工具就是钢笔和墨水，清一色的男性雇员与雇主并肩坐在木桌前办公。当时主要的照明光源是日光，不足时再辅以油灯或者煤气灯，热力来源于火炉或是壁炉。英国设计师约翰·索恩（John Soane）设计的英格兰银行伦敦总部（London headquarters of England，1788~1823）的室内风格极具匠心。这些房间进行了名称的区分，有的称为股息办公室，有的称为老殖民办公室（或百分之五办公室），还有的称为债券办公室。

真正意义上的近代办公建筑的诞生是在19世纪末西方工业革命之后，这场革命对社会带来的深刻变化彻底地改变了个人在办公空间内的行为模式，也彻底改变了办公空间的整体面貌。工业时代的生产追求经济性和效率性，无论社会如何发展，这一目的性始终没有改变，作为适应社会化生产而出现的办公建筑也同样是围绕这一主题而发展和变革的。

三、后工业社会
——办公空间的变革

20世纪90年代以来，以信息和通信产业为代表的知识型产业成为世界经济的主要增长点，网络化、数字化和虚拟化成为新经济的主要特征，由此带来办公建筑的"虚拟化"。

一方面，信息技术使工作不断打破空间的限制，覆盖到全世界的各个角落。全新的数字化办公模式和概念的出现，使企业开始把更多的资金投入计算机网络和相关技术，同时大幅度削减用于新建办公室的经费。许多大公司都开始实验新的办公模式，如，IBM公司实现了"弹性时间"（Flextime）、"交替办公"（Alternate office）。IBM公司为13000名销售、市场、技术和行政人员配备了电脑、打印机、传真机与调制解调器，便于每个人在办公室以外的地点工作。

另一方面，新的信息系统的发展改变了工作和组织的概念，使办公人员实际上变成了"自由行动者"，他们享有办公地点和办公时间上的自由。个人的工作效率不断提高，单位时间内所创造的社会财富空前巨大。网络时代的到来使SOHO（Small Office Home Office）在世界范围内开始风行。SOHO缩小了办公室空间，完全消除了办公室与家庭的空间距离，克服了交通的繁忙、拥塞，同时，能源的共用降低了资源的消耗，良好地解决了与日俱增的人口爆炸与用地稀少的难题。SOHO工作方式使工作与生活合而为一，以往令人生厌的许多工作在家庭的温馨氛围中重新使人感到兴趣，无疑地，SOHO的工作方式已成为未来的主流。

02 现代办公建筑的类型演变

一、20世纪的白领工厂

20 世纪 20 年代，美国工程师弗雷德里克·泰勒（Frederick Taylor）对美国办公室环境产生了重大影响。泰勒用科学方法来观察工作过程，以找出多种方法最大限度地提高效率，这主要靠把工作过程分为一系列可叠加的步骤。这种工作方法首先应用于工业，但它似乎也适应于办公室工作，特别是当"信息设备"，如打字机、计算器和电话大量进入办公空间后。泰勒的想法发展成为大面积开放楼层空间的概念，被引入到办公建筑设计中，为了区别工作性质的差异，产生了所谓共享型及串联型等规划形态，易于监视员工作业的大空间配置，维持了传统办公室的阶级形态，等级式组织方式已经成为现代企业管理的重要特征。老板的办公室用玻璃墙与员工的办公区域隔开，这种敞开式平面布置的格局就显示了公司结构的金字塔式等级。如美国建筑大师弗兰克·赖特（Frank Wright）在1904年设计的美国纽约州布法罗市的拉金公司（Larkin Company）大厦，其规模、布局和技术标志着现代企业办公建筑的到来。该公司的15个部门不是像往常一样分布在独立的办公室中，而是集中在一个巨型办公大厅里，只有公司的经理们才拥有单独的办公室。公司的电影院、壁球场、阳台等就是拉金公司为员工提供的休闲娱乐场所。拉金公司大厦的采光中庭是开放式的办公空间，小间的办公室则嵌入在中庭周围凹空中（图02）。职员们坐在面向管理者整齐排列的办公桌前办公，以便管理者对其进行监督。为了把自然光线与新鲜的空气引入建筑，室内配备有原始形式的空调设备和天窗，这也是第一座全空调的现代化办公大楼。赖特在大楼中还应用了当时的一些新产

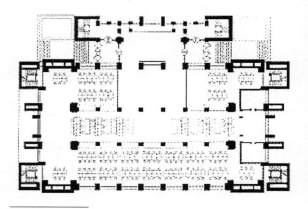

02.拉金大楼的一层平面图

品，如全套金属办公设施、宽敞玻璃门和悬挂便器等。赖特还为拉金公司大厦专门设计了金属灯具和电灯装置及室内家具。赖特为其设计的每一把椅子都有一个摇动的扶手装置，椅子的支撑脚使用了十字爪型的支撑系统和万向轮，开创了现代办公椅的雏形。这些新技术和新产品的使用使得拉金公司大厦的办公环境更加舒适实用。赖特的这种将建筑、室内、家具及电气设备进行整体设计的思想在当时甚至现在来说都是具有前瞻性的。

办公空间中的"集中监视"的管理方式和"泰勒系统"的生产方式最终导致了极端理性主义而遭到后人的批判，但是这种以高效率为根本目的的办公空间的出现是工业化社会发展的必然结果。这样的办公室不再是少数贵族们享用的小单间，豪华奢侈的装饰被简洁的形体和线条所取代，办公空间成了一种实用的，能够给社会带来财富的公共空间。

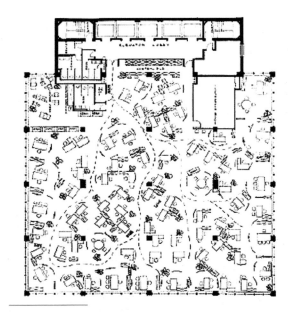

03 . 冷媒部采用了景观式办公室设计

二、50年代的玻璃盒子

　　20世纪50年代，伴随着玻璃幕墙高层办公建筑的出现，加之30年代空调与40年代荧光灯的引入，使得这些玻璃盒子式的办公建筑的进深不再受采光和自然通风的限制，随之出现了具有大进深的办公空间。大多数的室内空间都按照职员在公司的地位而加以标准化或系列化，空间单元的大小用来反映企业的阶级制度，并且可以随着职位的改变方便地进行重新组合。对于员工来说，他们仍是在开放平面空间办公，只有上级才能使用周边的玻璃房间看到外面的景致。

　　1962年，由SOM公司设计的纽约联合碳化物公司总部大厦（Union Carbide Corporation Headquarters）是这一阶段办公空间的典范。建筑外部的玻璃幕墙结构结合建筑内部的空调系统和人工照明创造了进深较大且简洁舒适的办公空间。建筑的窗格、发亮的塑料天花板、金属隔断、文件柜和桌子均统一在30英寸（76.2cm）的模数上，从而实现了模数化、系列化和可变化。它的技术革新之一是将照明与空调相结合的吊顶，无论内部隔断如何布置，都能以灵活的吊顶使功能得以实现。

三、60年代的景观式办公

　　由于受到弗雷德里克·泰勒提出的"科学化管理"的理论的深刻影响，所有工作步骤都被细分为单个任务，通过标

04 . 贝塔斯曼出版社内景

准化管理实现效率最大化，并将合理性和逻辑性作为办公环境空间创造的首要追求。这种设计原则为全世界所接受和采用。在二战后的经济复苏时期，这种观念在北美办公塔楼的设计中得到完全体现。然而，时隔不久，随着西方经济的繁荣，人们厌倦了这种类似于厂房、窒息人性的办公空间，渴望在享受现代文明所带来的舒适方便之外，感受到一些对人性的亲近和尊重。

　　于是，50年代产生了景观办公（Landscaping office）的思想，它的出现是对早期现代主义办公空间忽视人际交往的一种摆脱，是对单纯唯理观念的一种反思。这种思想随着空调的采用，大进深建筑空间的出现而在60年代得到认可。景观办公室的设计是基于（青春之泉Quickerborner Team）小组，由景观办公室的创造者斯切尔兄弟领导的小组，该小组主要从事办公室的设计、咨询和研究工作）的理论产生的，这些理论是当代通信技术在办公空间设计中的应用：

1. 以活动屏风代替固定隔墙
2. 家具可任意排列变换
3. 阶级被打破，无固定隔间
4. 新式轻巧的活动办公家具
5. 办公室景观化

　　青春之泉小组的"办公室景观化"是规划系统的方法之一，以信息的权威体系取代阶级的权威，使其成为规划的核心，并应用人工智能学进行复杂业务的解析。在这种规划下，除了得以一些固定墙面以外，也要分析员工个人的需求，包括与员工的沟通及工作往来，因此安排了一种自由排列在完全开放的大空间，使用大量植物来分隔、点缀空间。通过对工作流程的管理和便利的沟通来改善组织运行的效率，如此既能保有区域性，又能使部门沟通顺畅。平面图设计既反映内部的组织管理，又能够应对随时发生的办公组织变化（见图03）。

　　第一个景观式办公建筑是为贝塔斯曼设计的一栋办公楼，贝塔斯曼是一家大型德国出版社，位于古特斯洛。这是

一个为270位员工使用的项目，要作为供2000员工使用的新总部的"研究对象"。建筑由一个矩形开放式平面组成，设有可移动式屏风和轻型家具作为主要构件。设计师在仔细研究了组织结构的不同群体之间的交流方式的基础上，进行了办公空间的布置（见图04）。

除了便于灵活有效地组织管理，办公室美化的另一个好处就是经济实惠——工作场所的面积占建筑面积的很大比例。这种设计好像也表达了20世纪60年代的精神，感觉一个新纪元就要开始，任何事都可能发生。员工们不用正对经理办公室规矩地坐着，而是可以自由地走来走去，不受空间和等级管理的约束，这反映了当时社会的变化。

四、70年代的实验室办公

20世纪70年代的经济衰退造成景观空间的形式逐渐被人们所放弃。1970年，IBM靠近瑞典斯德哥尔摩的总部采用了单元式办公空间的形式，每个员工都有自己的办公空间，而且可以实现个性化调节。赫尔曼·赫茨贝格（Hermann Hertzberger）1973年设计的位于荷兰阿珀尔多伦的中央贝希尔保险公司的办公楼则体现了另一种风格，其营造了家庭式的办公氛围。整个建筑和室内空间的架构是由一个个面积和形式一致的正方形"细胞单元"组成，每个单元和相邻的单元以走道连通。这些单元本身以半开敞的矮隔断和矮墙相区隔，这样每一个单元内的工作组既保持了独立性，又增强了组和组之间的沟通。

五、80年代的自动化办公

20世纪80年代，计算机等电子设备对办公建筑及其室内空间的设计带来了巨大的影响。早期有着庞大身躯的计算机只能容纳在建筑单元中，而现在则出现在员工的办公桌上，成为了办公室的普通设备。此时的办公室里充斥着各种各样的电子设备，人们借助计算机、传真机、复印机、打印机、扫描仪等现代化的办公设备，实现了全部机械化的自动办公，办公的效率空前提高（图05）。这种变革不仅体现在计算机可以帮助人们辅助设计和优选方案，极大地减轻了脑力劳动的强度上，更重要的是它从根本上改变了办公室内的工作方式和组织结构。英国办公建筑专家弗兰克·代菲（Frank Duffy）在1984年宣称："很多办公建筑十分突然地变得过时了。"

05．典型的自动化办公空间

与此同时，依托于智能建筑的智能化办公空间出现了。科技集团UTBS公司于1984年在美国康涅狄格州建设完成的Gity Place大楼以当时最先进的技术来控制空调设备、照明设备、防灾和防盗系统、垂直交通运输设备、通信等，实现办公自动化，除了创造出舒适性、安全性的办公环境外，还具有高效、经济的特点，从此诞生了世界公认的第一座智能建筑。

计算机的应用简化了办公空间原有的信息联系模式。据统计，传统的办公室内有80%的私人联系是在小组内进行的，由于计算机的介入，这种结构小组的概念被中心信息和程序系统所代替，办公空间的组织、结构由原来的"一元制"变为"多元制"。计算机的应用还改变了办公室内原来那种必须通过人来进行大量文件传递工作的状况，代之以"无纸办公"的传递方式。办公人员之间的工作状态由原来"面对面"的方式变为"面对屏幕"和"面对键盘"的方式。

同时，由于计算机等电子设备的大量应用，大部分办公空间不再符合新的标准，在较低楼层的办公场所必须铺设数据光缆和其他传播媒介，还有计算机和显示器所产生的大量热量需要排放。于是，办公大楼的制冷、通风和采光等问题逐渐变得重要起来。这种发展要求办公室的布局空间感更强，楼层高度更灵活，建筑服务设施更现代。

06.适合多种工作状态的新型办公场所

一、90年代的系统化、多元化办公

20世纪90年代以来，以信息和通信产业为代表的知识型产业成为世界经济的主要增长点，知识化、全球网络化、数字化和虚拟化等成为新经济的主要特征。人们的办公效率在不断提高的基础上，开始向深度和广度拓展。办公自动化程度继续加深，新型的办公模式不断涌现出来。传统的组织形态也将被颠覆，传统金字塔结构扁平化，被专业的团队所取代。

20世纪90年代中期，信息技术和日新月异的全球化进程引起了公司管理结构的变化，改变了关于工作与组织的概念。其关键词之一是"商业过程重新策划"，它用来表示组织机构的转变重点在于信息技术和组织过程的整体设计。基本上它意味着使用信息技术会"使工作更有效"。互联网和由电脑与电话的小型化带来的可移动性改变了人们对如何整体和局部管理全球性企业这一问题的思维方式。上班族已经不再受时间和空间的约束，同时，网络化使城市中心地区的地理位置不再那么重要。日常程序性工作的办公场所将转变为一个信息市场（图06）。

办公空间形态不再是单一形式及功能，而是逐渐形成虚拟办公空间的趋势，无论人们处于办公室以外的任何地方，如旅途中的车上、飞机上还是休闲度假中的场所，旅馆、公共空间、家中等，都可以继续处理公务。办公室成为提供会议及交流的场所，办公室的生活形态也随之产生重大的变革，这些都是由于信息通信科技的先进发展所致。展望未来，人是新知识经济发展的主轴，人才能带动科技的发展，因此办公空间设计趋势，是个人化的空间，机动的空间、沟通会很频繁，办公室只不过是交流及面对面会谈的空间，在设计办公室时应着重注意尊重人性化这一因素，如何让员工也可以参与空间的设计，是很重要的。同时，虚拟办公空间，也就是"You can work at anywhere, You can work in anytime"，但是，这种形式减少面对面交流使人孤独，弱化人的社会属性，在未来办公空间设计中应注意避免这种矛盾的加重。

研究任何事物的必要前提是对该事物的发展历史有所了解，本章对办公建筑内部空间的演变历史过程进行了简要地回顾。近代工业革命，特别是20世纪以来，每一次革新和发明都与办公空间有关，对办公方式产生了巨大的影响。电话、个人计算机、互联网等都是办公方式产生了很大变化，也改变了办公空间。我们研究办公空间，就一定要结合人类社会的发展、生活形态的变化、办公方式的变化，在社会发展背景——企业组织结构——办公模式——办公空间形式之间的关联分析系统中分析问题。

2

CHAPTER 2

办公空间的总体设计

办公空间总体设计是一个系统的整体过程，也是就设计适应办公行为的空间过程，办公建筑的内部空间是在一个不断变化发展，直到今天还依然在探索能够适应这一新时代的办公空间。空间的形式取决于空间中办公人员的行为模式，例如人的活动路线有通过，暂停，交谈，休息等，其所要达到的空间性质各异，就需要不同的空间来满足。所以，设计办公空间时要使行为与空间的关系是相互对应的，即在最大限度上提高工作效率，就像精密细致的机器，要求每个部件都高契合，这样才能最大限度地使用，办公空间的总体设计也是这样，越是合理，方便的空间越能促进办公行为的形成。

01 现代办公空间的格局与规划

一、写字楼办公空间的平面组合形式

建筑大师勒·柯布西耶曾说过："平面布局是根本，没有平面布局，就缺乏条理。"

1. 开敞式（Open-Plan Office）

20世纪60年代，开敞式的办公空间以其特有的通透结构——无需区分门与墙，随意安放设备而迅速走红，这种平等的办公空间格局成为办公领域的前沿。然而这股浪潮很快面临声学问题，以至于20年后由可任意划分板块的办公景观转型为个人操控的稍小办公空间，随后又转型为集合式办公空间。这种开敞式办公对于需要信息集中交流的办公环境是非常重要的办公格局，如客服中心等。

开敞式办公空间指建筑内部办公环境中无墙体和隔断阻隔，仅以办公家具和设备组合形成的空间环境，是典型的现代办公空间形式，被大量用于多种群体办公区域，如接待环境、设计室、阅览室、休息室等（图01）。其空间优点是流动性强，便于沟通交流，布局易于变动，缺点是私密性差、易受干扰。

外观

空间结构主体分离的办公景观；空间划分通过移动墙壁、橱柜等产生开阔、通透的空间效果，对于建立不同的办公空间具有高度的灵活性；室中室结构和柔性活动墙也使得员工的不同需求得以实现；每个办公空间可容纳25人~100人。

经济效益

高度灵活性使其适应格局，交流结构的变更（降低重建成

01 . City West Water 自来水公司总部的休息室

本）使办公空间得到充分利用，但高深宽阔的房间结构导致高成本投入（持续人工照明和完整空调装置），需要格外注意运营成本，要做到高密度、集中型的工作空间，低成本运营。

交流·灵活·创新

其创新点是团队沟通协调的畅通性和有效性。打破工作间的界限，工作小组内外信息、思想交通流畅，形成工作成员间信息的直接碰撞，有利于促进灵感的产生，且开敞式结构有利于增强员工间的凝聚力，体现了高度透明的工作流程。但也存在着不足，如不存在可回避空间，不适合个人集中精力工作；小屏蔽阻挡声觉和视觉的干扰的效果较差；缺乏个人空间及私人领地。

外开敞式办公空间的特点

空间的侧界面有一面或几面与外部空间渗透，顶部通过玻璃覆盖也可以形成外开敞式的效果。

02 . 开敞式办公空间的不同组合方式

03 . 集合式办公空间

内开敞式办公空间的特点

空间的内部形成内庭院，使内庭院的空间与四周的空间相互渗透，墙面处理成透明的玻璃窗，这样就可以使内外空间有机地联系在一起。也可以将侧界面的玻璃都去掉，使面向内庭的室内外空间融为一体，与内庭院的空间上下通透，内外的绿化环境相互呼应，充满自然气息。

空间开敞的程度取决于侧界面及其围合的程度，开洞的大小以及开合的控制能力等。空间的封闭或开敞会在很大程度上影响人的精神状态，开敞空间是外向性的，限定度和私密性较小，强调与周围环境的交流、渗透，讲究对景、借景，与大自然或空间的融合。开敞空间和同样面积的封闭空间相比，显得大而宽阔，给人的心理感受是开朗、活泼、接纳与包容等（图02）。

在开敞式平面布局中，办公场所的安排是由各个组织的不同工作流程决定的。在等级管理模式中，只有员工间的横向沟通，而没有员工与上司的纵向沟通。但是，最重要的变化是提供了非正式沟通的机会：安静的沟通区域，集会的设施及茶点房都位于工作场所附近。平面图设计既反映内部的组织管理，又能够应对随时发生的办公组织变化。当然开敞式平面布局办公的劣势是缺乏隐私，享受不到阳光及高分贝的噪声等。

2. 集合式（Group Office）

始于20世纪80年代，由敞开式办公演变而来的集合式办公，如今已经成为空间格局的新潮流趋势，深受创新领域中需要大量交流的小型团队钟爱，易于监督的宽敞空间和封闭的单人空间形成彰显个性的办公空间，集合式办公相对于开敞式办公，房间的高度明显有所降低，提高了空间的可监督性，降低了噪声干扰，改善了照明环境（图03）。

外观

大小不一的开敞式办公格局，采用移动墙和橱柜划分区域，开敞式和封闭式房间的交替布局，小组和团队工作模式易于监督；房间可容纳8人~25人。

经济效益

空间在利用上跨越界限；研讨区、休息区和茶水间安置在中心地带；运营成本相对于开敞式办公来讲，因建筑技术的需求降低而有所降低；灵活应对格局和交流结构中的变化。

交流·灵活·创新

适应交流结构和格局中的变化，工作组内外交流畅通，团队间有良好的沟通协调能力（尤其适用于项目研究和协调工作组）；研讨区、休息区和茶水间的集中布置进一步促进非正式沟通；开敞式结构能增强员工间的凝聚力，促进新员工的融合。缺点是相对高的声觉和视觉干扰；不存在个人回避空间；不适合个人集中精力强度工作；限制个人空间和私人领地。

3. 隔断式（Cellular Office）

隔断式办公空间无疑是最传统的办公模式之一，几乎和行政管理工作联系在一起。以前的办公室往往被分成独立的空间，因此个人办公空间采用线性排列。然而现在多以团队方式完成办公工作，且隔断式办公空间由于在空间使用上相对比较独立，故仍被广泛采用，尤其在那些强调各人单独工作的办公领域。

外观

单独的个人办公室依次排列，供多数人使用的办公室则沿外墙依次排列（图04）；隔断式办公室采用灵活的隔断系统；可自由移动，十分舒适；每间办公室供1人~6人使用，分为单人办公室、双人办公室和小组办公室；单人办公室适合高度集中的工地，并具有相当程度的保密性。

04 . 美国Greystar公司总部办公室

经济效益

像研讨室、设备室和茶室这些不太需要光线的房间全部沿着外墙排列，这样恰好与那些造价较高的办公区阻隔开来；个人办公室对表面积的应用相对较高，而双人办公室则更加经济实效；较低的楼层及不使用空调降低了建设、技术设备及管理的费用；房间的结构是固定的，因此格局的改变往往需要较高的费用；但灵活的隔断系统使得员工可以自由移动，十分舒适。

交流·灵活·创新

个人办公空间利于员工之间交换意见及非正式的交流；被孤立的团队缺乏交流和透明性；只能实现个人之间的交流，但是不同团队之间的交流存在困难；新员工很难融入整个团体当中来。完全屏蔽的个人办公空间具有高度的私密性，有助于集中注意力，几乎没有任何干扰性因素；在双人办公室以及小组办公室中很可能存在声音的干扰。独立的扩展区域可进行小型聚会，但不利于随时交流；高度的私密性、严格的分隔，使空间古板保守。

隔断办公空间的办公方式，主要包括以下两个类型：

（1）绝对分隔。用承重墙、到顶的轻体隔墙等限定高度的实体界面来分割空间，可称为绝对分隔。这样分隔出的空间有非常明确的界限，是完全封闭的。其特点是空间隔音良好，具有安静、私密的特点和较强的抗干扰能力，但由于视线完全受阻，导致与周围环境的沟通性变差（图05）。

（2）弹性分离。在办公空间的设计中，常常利用拼装式、折叠式、升降式等活动隔断及幕帘办公家具、陈设等对空间进行分隔。这样，使用者可根据要求随时启动或移动这些弹性分隔装置，办公空间也就随之发生变化，或分或合，或大或小，使办公空间具有较大的弹性和灵活性。

05 . 利用轻体隔墙和承重墙形成的绝对分隔

06 . 利用楼梯进行分隔

隔断式具体的分隔方法如下：

（1）用各种隔断，结构构件（梁、柱、金属构架、楼梯等）进行分隔（图06）；

（2）用色彩、材质分隔（图07）；

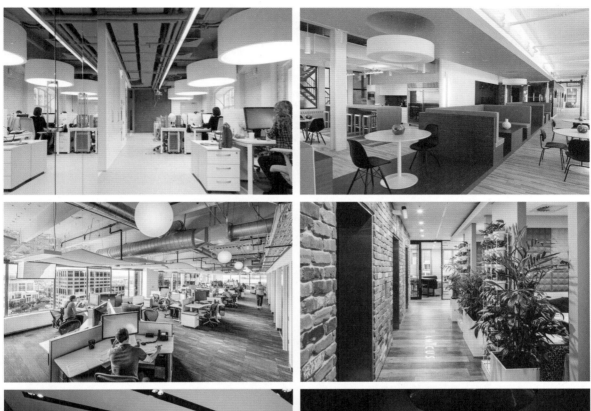

07.利用色彩进行分隔　　08.利用水平地面高差进行分隔　　09.利用办公家具进行分隔　　10.利用绿化进行分隔　　11.利用照明进行分隔　　12.综合分隔

（3）用水平线高差分隔（图08）；

（4）用办公家具分隔（图09）；

（5）用水体、绿化分隔（图010）；

（6）用照明分隔（图011）；

（7）用综合手法分隔（图012）。

办公室空间的分隔和联系是办公空间设计的重要内容，分隔的方式决定了办公空间之间的联系程度，并且应在满足不同的分隔要求基础上，创造出具有美感、情趣的办公空间。这种空间形式往往与开敞式办公空间结合应用，主要用于部门主管办公室、接待室、职员休息室、样品陈列室、阅览室、设计室等。其特点是兼备了封闭式办公空间和开敞式办公空间的优势，空间相对独立，但又具有一定的私密性。

4. 复合式

20世纪70年代末，复合式办公空间逐渐兴起，这种办公空间集合了开敞式与隔断式办公空间的优点，所有的办公室沿着外墙依次排开，中间使用玻璃隔开，间接照明的中心区域用作非正式的交流及团队工作区，因此员工间的直接交流依然存在。高度的灵活性使得复合式办公空间较其他办公模式更加紧凑，在空间的使用上也更加经济实效。

13.单独办公室

14.相对灵活的无界限办公空间

15.多功能式办公空间具有高度灵活性

外观

一系列的标准化个人小型办公空间以多功能的交流方式结合在一起；个人工作与团队工作之间的频繁交流变为可能；办公室的面积大都在8平方米~12平方米；走廊的墙壁必须超过1.5m，透明的玻璃使光线充足。

经济效益

6平方米~8平方米的综合室很少用到，这样的房间往往会降低空间的使用率（除非涉及临时办公的办公室和特殊的房间）；费用的发生具有高度的调节性，这样就可以随时改变整体结构；标准的房间和办公家具设施确保了较高的灵活性。

交流·灵活·创新

可以随时改变成个人办公区；适用于两个团队的交流，可避免声音干扰；会议和团队的工作会在综合区进行；在综合区员工可以通过玻璃进行交流；封闭的结构使得新员工之间的交流变得困难，但综合区的玻璃墙使得单独的工作并不意味着隔离；在综合区工作可以看到外面的视野；个人的空间与交流区并未完全隔离（图013）。

5. 无界限式

20世纪80年代后期，IT产业发生了根本改变，非固定的办公室随着这种变化而逐步发展起来。以客户为中心的灵活办公时间使得固定的办公空间及工作时间显得多余，大部分的工作都是通过与客户的直接交流进行的，因此无界限办公空间的概念随之产生。适应无界限办公空间这一想法的有敞开式办公结构如集团办公室、灵活办公室及综合办公室等办公空间。

外观

整体开放透明式结构，可根据特殊需求来改变空间结构；包括不同类型的办公区，会议区、研讨区等。以往的办公模式已被改变，永久固定的办公区已不复存在，工作人员的大部分工作是在办公室之外进行的，办公室只是他们互相交流的场所。个人文件全部存储在电脑中，为动态的企业提供了最大限度的多样性和灵活性（图014）。

经济效益

由于灵活性的要求及高新技术的应用，这一类型办公空间相比其他样式的投资花费要高很多；设计分隔式办公室要求大楼的进深不超过14m；标准的基础设施确保了高度灵活性。

交流·灵活·创新

这种新型设计的鲜明特征是，不再把办公场所分给具体的某个员工，所有的人员可共同使用。这样，员工们可以选择那些最适合他们工作和最方便组织团队的办公场所。无界限办公空间与网络的引进大多数是以一种交互形式紧密联系在一起。员工可以在任何临时性工作地点通过远程连接保持联系，可以在马路上、在客户那里，甚至是员工家里。

6. 多功能式

多样性和灵活性是可变的办公空间的两大特点。在一座大楼里设计出不同形状的办公空间，这不仅仅有益于企业根据市场需要随时调整办公环境，而且节约资金（图015）。由于灵活性系统的应用，中立的建筑结构已成为必不可少的一部分。

外观

多功能性，不同的楼层可以设计不同样式的办公室，如分隔式办公室、集团办公室，以及复合型办公室；复合办公空间将不同样式的办公室集中在一个楼层；使用者可以不考虑建筑样式、建筑期限这些因素，甚至可以在建筑工程中随时根据需要改变办公室的样式形状；鉴于企业的动态发展，可调控办公空间有更大的多样灵活性。

经济效益

由于功能多样性的需求，此类型办公空间的投资花费也很高，设计分割式办公室要求大楼的进深不能超过14m；标准的基础设施确保了高灵活性。

二、现代办公空间的分隔与开放形式

1. 现代办公空间的分隔

对于室内设计来说，最为重要的就是空间组合，这是室内设计的基础。而空间各组成部分之间的关系，主要是通过分隔来体现的。要采用什么样的分隔方式，既要根据空间的特点及功能要求，又要考虑艺术特点及心理要求。现代办公

16. 绝对分隔

空间的分隔方式主要有以下四种：

绝对分隔

用承重墙、到顶的轻体隔墙等限定度高（隔离视线、声音的程度、调整温湿度等）的实体界面分隔空间，属于绝对分隔，也称通隔（图016）。这样分隔出的空间有非常明显的界限，具有封闭的、隔音良好的、视线完全阻隔或具有灵活控制视线遮挡的特点，可以保证工作人员的私密性，具有很好的抗干扰能力，但缺点是与周围环境的流动性较差，不利于与同事进行交流。

局部分隔

用片断的面（屏风、翼墙等不到顶的隔墙等）划分空间，属于局部分隔，也称半隔（图17）。这类分隔的空间界面只占空间界限的一部分，分隔面往往是片断的、不完整的，空间界限不明确。且由于空间不完全封闭，限定度也较低，因此抗干扰性要差于前者。其优点在于空间隔而不断，层次丰富，流动性好。可以使用实面，也可以通过开洞等方式或使用投射材料形成围合感较弱的虚面，限定度的强弱主要取决于界面的大小、材质、形态等因素。

象征分隔

用片断、低矮的面隔断；用罩、栏杆、花格、构架、玻璃等通透物隔断；用办公家具、绿化、水体、色彩、材质、光线、高差、悬垂物等因素分割空间，这属于象征性分隔，也称为虚拟分隔（图18）。它是限定度最低的一种空间划分形式，其空间界面模糊、含蓄，甚至无明显界面，主要通过部分形体来暗示、推理和联想、通过"视觉完形性"而感知空间。象征性分隔感侧重心理效应，具有象征意味，在划分空间上能够最大限度地维持空间的整体性，隔而不断，流动性很强，层次丰富、意境深邃。

弹性分隔

利用拼装式、直滑式、折叠式、升降式等活动隔断、帘幕，以及活动地面、顶棚、办公家具、陈设等分隔空间的方式，属于弹性分隔（图19）。这种分隔界面可以根据空间的不同使用需求而随时启闭或移动，可以随时改变空间的大小、尺度、形状以满足新的功能要求，创造新的空间形式，具有较大的机动性和灵活性。

2. 现代办公空间的开放形式

如今的办公空间已经由20世纪60年代的隔断式、开敞式办公空间转变成追求品质卓越，注重性能灵活，讲求感官舒适的新型办公空间。新颖的工作时间制度和充满激情的工作流程理念的提出，致使多功能办公空间和无界限办公空间应运而生。首先，要根据企业工作性质和数据信息时代的办公特点设计合理的开放形式；其次，无论何种开放程度，自然亲切的交谈对于获取信息和改善办公气氛是必不可少的。因此，个性化隔断办公室人属于最普遍的形式。以下四种基本类型是现代社会办公空间的常用开放形式，但是在实际中也要因地制宜，灵活运用。

17 . 局部分隔

18 . 象征分隔

19 . 弹性分隔

20 . 蜂巢型办公室的实景图

21 . 密集型办公空间的实景图

22 . 鸡窝型办公室的实景图

23.俱乐部型的办公空间,弥漫着家居氛围

蜂巢型

蜂巢型办公空间属于典型的开敞式办公空间,配置一律制式化,个性化极低,彼此互动较少,工作人员的自主性也较低,适合机械性的一般行政作业,譬如电话行销,资料输入等(图20)。

密室型

密室型办公空间是密闭办公空间的典型,适合高度自主,且不需要和同事进行过多互动的工作者,如会计师、律师等。密室型员工办公空间一般为个人或工作组共同使用,其布局应考虑按工作的程序来安排每位职员的位置及办公设备的放置,通道的合理安排是解决人员流动对办公产生干扰的关键。员工较多的部门及大型办公空间一般设有多个封闭式员工办公室,其排列方式对整体空间形态产生的影响较大。采用对称式和单侧排列式一般可以节约空间,便于按部门集中管理,但略显呆板(图21)。

鸡窝型

鸡窝型适用于一个团队在开敞式空间共同工作,互动性高,便于交流,适合设计工作,保险处理和一些媒体工作。随着计算机等办公设备的日益普及,再加上许多办公室利用现代建筑的大空间,因此出现了可互换、拆卸得符合模数的办公家具单元分隔办公空间的情况(图22)。这种设计可以将工作单位与办公人员有机结合,形成个人办公的工作站形式。并可设置一些低的隔断,使个人办公具有私密性,在人站起来时又不阻碍视线。还可以在办公单元之间设置一些必要的休息空间和会谈空间,供员工之间相互交流。

俱乐部型

在这类办公空间中,同事之间是以共用办公桌的方式分享空间的,没有一致的上下班时间,办公地点可能在顾客的办公室,可能在家里,也可能在出差的地点。广告公司、媒体、咨询公司和一部分的管理顾问公司都已经使用这种办公方式。俱乐部型的办公室空间变得引人注目的大部分原因是这类办公室促使了创意设计的诞生。这类办公空间没有单独的办公室,每个都根据需求进行设计,如有沙发的"起居间"、咖啡屋等(图23)。

02 现代办公空间的功能与类型

办公空间设计作为庞大的系统性设计，要考虑的问题是多方面的。空间内的各相关区域设计及元素必须高度统一，办公空间设计除了注重大局规划，如了解空间内人员的关系，注重人的生理、心理需求，保证合理的分区与规划外，各功能区域的设计也需要细心分析。

一、主要办公空间
（小型/中型/大型）

1. 员工区（小型）

设计现代办公空间的员工区时主要应考虑办公家具、光照、声环境、数字网络等。员工是组成集体的核心，员工工作条件的优劣直接影响到企业的效益，所以其首要设计目标就是实现该区域环境的最优化，结合造价投入，得到高性价比的适宜空间感受。

2. 行政区（中型）

行政区域可细分为总经理及各基层经理室、财务室等。出于便于管理和安全的考虑其空间要求相对于员工区较闭合、独立。经理是单位高层管理的统称，他是办公行为的总管和统帅，而经理办公室则是经理处理日常事务、会见下属、接待来宾和交流的重要场所，应布置在办公环境中相对私密少受干扰的尽端位置。家具一般配置专用经理办公桌、配套座椅、信息设备（电话、传真、电脑等）、书柜、资料柜、接待椅或沙发等必备设施（图24）。

条件优良的还可配置卫生间、午休间等辅助用房。与经理办公室相连的应该是秘书办公室或小型会议室。根据办公行为流程规律，一般企业的核心部门均紧靠经理办公区域，如财务室、主管室等。经理办公室室内设计和装修所体现的整体风格品味，也能从一个侧面较为集中地反应机构或企业的形象和经营者的修养。因此，经理室的设计一般是整个办公环境的重点之笔，其创意定位和设计基本要求有如下几点：首先应该确立所属企业的特点和经理的个性特征，如有无特殊追求和爱好，整体造型上应该体现简洁高雅、明快庄重和一定的文化品位；其次，材质选用可较其他办公空间用材高档、精致，装饰处理流畅、含蓄、轻快，以创造出一个既富有个性又具内在美的温馨办公场所。

3. 会议区（大型）

会议室是办公功能环境的组成部分，兼有接待、交流、洽谈及会务的用途，应根据已有的空间大小、尺度关系和使用容量等来进行设计。一般说来，会议室在空间设计、布局上应有主次之分，采用企业形象墙或重点装饰来体现主次的排列（图25）。会议空间的整体构架要突出企业的文化层次和精神理念。空间塑造上以追求亲切、明快、自然和谐的心理感受为重点。空间技术上要求多选用防火、吸音、隔音的装饰材料。此外，灯具的设置应与会议桌椅布局相呼应，照度要合理，最好能结合一定比例的自然采光。一些追求创新精神和轻松氛围的企业，如广告公司、设计事务所、软件开发公司等，往往在会议室设计上突出视觉效果和新鲜创意，以求公司团队在开会研究方案的时候保持轻松的心情，进而涌现出新鲜创意。

24 . 经理办公室实景图

26 . 前厅

25 . 具有企业形象墙的会议室

27 . 利用公共空间的剩余面积进行展示

二、公共接待空间

公共接待空间即前厅、接待室、展厅，这是来访者最初进入的地方。这些区域可谓是企业的橱窗，是企业形象的第一印象，因而也是办公空间设计的重中之重。

前厅是给访客第一印象的地方，装修较高级，平均面积装饰花费也相对较高，基本组成有背景墙、服务台、等候区或接待区。背景墙的作用是体现机构名称、机构文化。服务台一般设在入口处最为醒目的地方，以便与来访者交流，起到咨询、文件转发、联络内部工作区等作用（图26）。但其前厅功能只作让人通过和稍做等待之用，因此办公室装修时应注意门厅面积应适度，过大会浪费空间和资金，过小则会显得小气影响公司形象。在门厅范围内，可根据需要在合适的位置设置接待秘书台和等待休息区，面积允许而且讲究的

门厅，还可安排一定的园林绿化小景和装饰品陈列区。

另外前厅也是直接展示企业或公司文化形象特征，同时在平面规划上形成连接对外交流、会议和内部办公的枢纽。在做办公室设计时，应根据机构的运行管理模式和现场空间形态决定是否设置服务台。如果不设置服务台，则必须有独立的路线，使访客能够自行找到所要去往区域的路线。

接待室的部分是供洽谈和访客等待的地方，往往也是展示产品和宣传公司形象的场所，装修应有特色，面积则不宜过大，通常在十几平方米至几十平方米之间即可，办公家具可选用沙发茶几组合，也可用桌椅组合，必要时可两者同用。如果需要，还可预留陈列柜、摆设镜框和宣传品的位置。

展厅是很多机构对外展示机构形象或对内进行文化宣传、增强企业凝聚力的空间。具体位置应设立在便于外部参观的动线上，避免阳光直射而尽量用灯光做照明，也可以充分利用前厅接待、大会议室、公共走廊等公共空间的剩余面积或墙面作为展示（图27）。

28 . 静态走廊

29 . 动态走廊

30 . 开敞式楼梯

31 . 传统的封闭式楼梯

三、交通联系空间

交通联系空间包括了走廊、过道及楼梯，是办公空间设计各个功能区域重要的联系纽带，人行过往的交通要道。走廊一般分两种设计形式：静态走廊与动态走廊。静态走廊的特点是稳重、大气，色彩偏灰色系，如灰黄、灰绿等，灯光以柔和、悦目为宜，墙面不设尺度过大的挂画和壁饰（图28）。动态走廊的特点是造型独特、色彩明快，多以曲线墙面制造强烈的方向感和透视感（图29）。日益偏向"自由"形式的办公模式，也为走廊、过道带来新的功能延伸，即非正式交流功能，这有别于会议室的严肃，在这里人们可以随时随地进行交谈，自由地表达，而这里也成为信息互换的重要场所。

走廊是水平通行区域，楼梯则属于垂直通行区域。楼梯的功能和多种多样的表现方式，使其在办公室空间中有着特殊的造型装饰作用。楼梯一般可分为开敞式和封闭式两种。开敞式楼梯可在空间中创造多层次的韵律感，带给空间丰富的节奏感（图30）。现在很多公司，尤其是创意型公司，会采取扩大开敞式楼梯的方式，打造多功能的楼梯平台，增设如图书阅读区、休息区、交流区、培训区等功能区。封闭式的楼梯除了发挥联系通道的功能外，还会作为隐蔽的储存空间存在（图31）。可塑性极强的楼梯以多变的尺度、体量，丰富多样的结构形式联系着不同区域，现在也发挥了汇集人群、交流思想的功效。

32 . 大型会议室

34 . 小型会谈区

33 . 中型会议室

35 . 米兰Google办公室实景图

四、配套服务空间

办公空间的配套服务，多指各种休闲空间及会议空间。

会议空间

会议室可以根据对内或对外不同需求进行平面位置分布。按照人数则可分为大会议室、中型会议室和小会议室。常规以会议桌为核心的会议室人均额定面积为0.8㎡，无会议桌或者课堂式座位排列的会议空间中人均所占面积应为1.8㎡。会议室兼顾了对外与客户沟通和对内召开机构大型会议双重功能，基本配置有投影屏幕、写字板、储藏柜、遮光等。在强弱电设计上，地面及墙面应预留足够数量的插座、网线；灯光应分路控制或为可调节光。根据客户的要求考虑应设麦克风、视频会议系统等特殊功能。

会议空间按空间类型分有封闭式及开放式两种，封闭式会议空间多为大、中型会议室，开放式多为小型会谈区（图32）。会议空间多采用圆桌或长条桌式布局便于员工开展讨论。而这里也是展示企业形象的区域，其用色及陈设应结合企业专业和企业特点进行设计。对于小型公司来说，因大型会议室利用率不高，所以一般较钟情中型会议室及开放式的小型会议、洽谈区（图33）。其中的小型会议、洽谈区因其灵活性、便利性，多会交叉出现在办公区内，方便员工随时进行讨论、交流（图34）。

休闲空间

休闲空间作为缓解员工紧张工作的休息放松、交流娱乐区域，是办公空间人性化标志设计之一。随着人本理念的流行，人们越来越重视精神的放松，在生活中工作，在工作中生活的概念，被越来越多的人们所接受。因此，在通常情况下，休闲空间会安排不直接面对办公区域、设置在相对隐蔽的地方，以远离或区别办公区域紧张的工作状态。一般来说，休闲空间造型新颖活泼，会搭配种类繁多的绿植、充足的阳光或柔和的人工光源，营造轻松、愉悦的氛围，这对于从事创造性工作的员工来说不无裨益。休闲空间从一开始的简单员工休息室、茶水间，到现在的餐厅、咖啡休闲厅、图书阅读室、娱乐室、健身房等，其内容及功能越来越丰富。同时，也出现了"杂糅"（兼具多种功能）的新形式，这一点，Google和微软做了表率。在Google的办公空间里，完全感受不到严肃的办公气氛。肚子饿的时候，在自助餐厅可以享用免费美食；需要娱乐时，有许多娱乐设施供选择（图35）；需要开小组会时，则可以把椅子放在一起，窝在那畅所欲言……这种多样化的公共空间让办公空间变得不再生硬冷漠，而是温馨舒适。

另外，休息室和茶水间是供员工午休或休闲喝茶、沟通的空间，应具备基本的沙发、茶几、凳子、或者是吧台等，在色彩的选择上要偏温馨，给员工一个充分休息的空间，色彩不宜太冷。

03 现代办公建筑设计的总体要求

一、标准层平面设计的总体要求

1. 员工区（小型）

办公楼标准层在整个办公楼设计中相当重要，而标准层的平面设计又是最基本的。其总体设计要求如下：

1. 标准层平面的制约因素

（1）结构布局的制约

标准层结构布局的制约因素应引起建筑师慎重对待，特别是在设计高层办公楼时。根据我们的经验，对高层办公楼常用结构体系的适用范围和层数做如下建议：按层高3.3m～3.9m计，房屋适用的最大高度可参考表1，办公楼层数与结构体系的关系可参考表2。

高层办公建筑的体型选择与结构有密切关系，选择合理的建筑体型，可加强结构本身的刚度。如圆形或椭圆形的平面，有助于减少风荷载；上窄下宽的体型对承受水平力引起的弯矩有很好的效果；在平面转角处，采用圆角或抹角的处理方法能减少风压，避免地震力集中。而体型选择则与标准层平面有密切关系。结构对平面的制约还表现在需要控制建筑物的高宽比（图36）。

我国的高层建筑结构设计规范建议，在设计中刚度较大的筒体和剪力墙结构时，房屋的高宽比（建筑高度/建筑平面短边宽度）应不大于6，一般宜小于5；设计刚度较差的框架和框架剪力墙结构时，建筑物的高宽比应不大于5，最好低于4。高层建筑结构的高宽比限制可参见表3。

房屋适用的最大高度（m）

结构体系		非抗震设计	抗震设防烈度			
			6度	7度	8度	9度
框架	现浇	60	60	55	45	25
	装配整体	50	50	35	25	/
框架——剪力墙和框架筒体	现浇	130	130	120	100	50
	装配整体	100	100	90	70	/
现浇剪力墙	无框支墙	140	140	120	100	60
	部分框支墙	120	120	100	80	/
筒中筒及成束筒		180	180	150	120	70

注：房屋高度指室外地面至檐口高度，不包括局部凸出部分。

表1. 房屋适用的最大高度（单位m）

层数与结构体系

结构体系	层数					
	10层及以下	11～15层	16～20层	21～25层	26～30层	大于30层
框架	←——————→					
框架——剪力墙		←——————————→				
剪力墙			←——————————→			
框架——筒体			←——————————→			
筒中筒					←————→	
组合筒						←—→

表2. 层数与结构体系

高宽比的限值表

结构类型	非抗震设计	抗震设防烈度		
		6度、7度	8度	9度
框架	5	5	4	2
框架——剪力墙、框架——筒体	5	5	4	3
剪力墙	6	6	5	4
筒中筒、成束筒	6	6	5	4

表3. 办公建筑高宽比的限值表

（2）采光的制约

现代高层办公楼很少有依靠天然采光的，但天然采光对办公环境无疑是一个重要条件。一般就大办公室而言，单面采光的办公室进深不大于12m；面对面双面采光的办公室两面的窗间距不大于24m。这也是标准层平面的一个制约因素。

（3）防火分区的制约

高层建筑，每层每个防火分区最大允许面积1000㎡，设有自动灭火设备的防火分区面积可增加一倍，即2000㎡。

（4）安全疏散最大步行距离的制约

我国《高层民用建筑防火规范》中关于办公楼这类建筑的安全疏散有如下规定：房间门至最近的外部出口或楼梯间的最大距离如下，位于两个安全出口之间的房间为40m；位于袋形走道两侧或尽端的房间为20m。

2. 标准层平面内容

办公标准层通常包括办公空间和公共走道、楼梯、电梯间及卫生间开水间。由于交通枢纽和必要的公共服务房间往往形成一个或几个核心，通常将它们设为标准层的核心部。此外还有空调机房和各种管线竖井，也是标准层必不可少的。

3．核心部位置分类及办公室规模核心部位置分类如下（图37）：

一般情况下，楼层面积较小时为偏心型。当楼层面积较大时，为了使各处办公人员步行距离趋于均匀，并充分利用周边空间，采用中央型。分离型是偏心型的发展，可以得到灵活性很大的空间，但是不利于抗震结构，也难于视线双向疏散。中央型是最常见的手法，有利于机构布局。对于楼层

面积较大的情况，采用外周形可以确保双向疏散。表4为核心型与结构设计的关系，该表是日本根据若干实例统计的经验数值，可供参考。

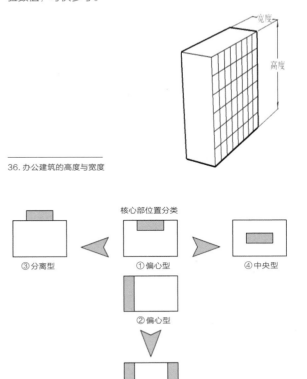

36. 办公建筑的高度与宽度

37 办公建筑核心部位置分类

分类	核心类型	一般事项	结构设计要点
中央型		A、B、C是一般的类型w：10～15m D适用于大房间的情况w：20～15m 标准层面积：A、B：1000～2500 ㎡ C、D：1500～3000 ㎡	·作为结构核心是最理想的类型 ·A、B、C适用于仅外围有柱的设计 ·作为高层建筑的外围框架和承重墙，多采用与中央核心整体化的抗震框架
外周型		能得到具有高度灵活性的大房间，适于各层功能、层高不同的复合建筑 w：20～25m 标准层面积：A：1000～1500 ㎡ B：1500～2000 ㎡	·由于抗震端随核心位置于外围，因此，当A的核心间隔较大时，应研究中央部分框架的抗震性能 ·B的核心可看作刚性很高的柱子 ·在核心之间架设大型梁，可以组成巨大框架
偏心型		如果平面的规模较大，那么在核心以外也需要有疏散设备和设备管道竖井 A、B w：10～20m C、D w：20～25m 标准层平面：A、B：500～2000 ㎡ C、D：500～1000 ㎡	·使重心与刚性一致，要有防止偏心的设计 ·结构上不大适合太高的建筑
分离型		A、B与偏心型具有大体相同的特征，C与外周型有大体相同的特征 设备管道及配管在各层的出口受结构的制约	·设计时要注意核心结合部的变形不能过大 ·多数情况一般房间的抗震墙仅限于外周部分 ·核心部分可以采用适合其形态的结构方式
特殊型（复合型）		A是中央型B的变形，可得到具有灵活性的大房间，w：10～20m B由中央型和4条独立的竖井组成 C w：10～20m	·A：通过整体框架负担水平力 ·B：外围竖井的位置，形态自由，中央的核心用于垂直交通，外围竖井用于服务设备 ·C：通过整体框架负担水平力，核心主要用于垂直交通，设备竖井分散布置

表4. 核心型与结构设计的关系

4. 标准层平面设计中应注意的问题

（1）在确定方案的过程中应密切与结构专业配合，以免造成结构设计的不合理或给结构设计增加不必要的难度，造成建筑造价过高。

（2）避免片面追求立面造型上的过多变化，造成标准层不标准，增加施工量。

（3）枢纽核心位置不宜分散，以免增加办公人员的往返路途，增加了交通面积。

（4）对设备、电气专业所需的空调机房及各种管道竖井应有充分的估计，做到避免破坏整体性。

（5）重视服务房间，避免卫生间设施数量不够，标准太低或不考虑开水间、清洁间，造成标准层使用不便。

（6）标准层面积适当，不片面追求高层，消防楼、电梯均不可少。

二、标准层平面设计的具体要求

1. 办公室的平面布局及尺寸参考

办公室办公桌的排列方式可参考（图38），对上述所示的办公桌不同布置方式的优缺点分析如下：

对面式

这是一种传统的布置方式。优点：便于按管理人员的等级，由大到小集中工作，容易把握工作状态；缺点：不易保密，采光方向不尽合理，相互干扰。

学校式

优点：相互干扰少，往往是管理人员坐在后面，来访者不会干扰其工作；缺点：各级管理人员不集中。

自由式

按办公要求精心规划，表面呈不规则布置，是自由式内在规律。优点：可按工作关系自由调整，办公环境及景观可按不同要求布置，可节约公用走廊；缺点：有噪声干扰，为电话插座布置增加难度。

2. 标准层办公室设计

（1）设定模数

在假定具有各种使用方式的办公室中，按照每个必要的空间设定出通用的最小单元，然后将它作为整个设计的标准尺寸进行展开，这种设想方法就是模数式设定。模数虽然取决于在办公室内处理报告业务的性质和办公桌尺寸的大小等，但在租赁大楼的情况下，因要满足各种各样的租户要求，所以就要设定最大公约数的数值，一般情况下多使用3.0~3.6的模数（图39）。

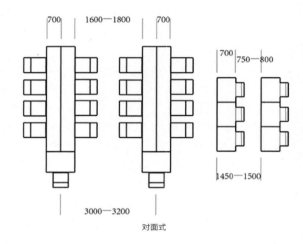

对面式

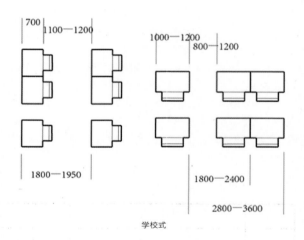

学校式

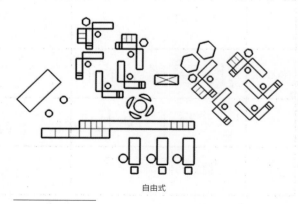

自由式

图38 办公桌的排列方式

使用3.0m模数时，比较合理的方式是采用70cm的办公桌，办公家具的布局为对向式。但是如果以一个模数来进行会议室和接待室等布局的话，就显得有点拥挤狭窄。

虽然3.6模数的尺寸适合于会议室和接待室的布局，但是，在采用对向式的办公桌的布局中，采用这种模数显示的办公桌的间距大，浪费空间，不经济。在设定模数时，要对假设的租户、将来的业务处理方法及建筑物的规模等进行综合的衡量后才能做出决定。

（2）模数和结构跨度

从结构设计的合理性和经济性来看，办公楼的间距很多情况下采用2个模数。租赁大楼的单元分隔也是按照这个模数进行设计的。

（3）模数和设备配置

在设备的配置设计中，也是将模数作为间隔的最小单元，根据模数进行设备配置。按照模数配置的设备机器有电话、通信终端的外接口、照明、空调出风口、吸入口和喷淋器等。

（4）每个人拥有的办公面积

一般情况下，每个人拥有的办公面积应在以下范围内：办公空间：5㎡/人–10㎡/人，办公空间+业务+生活服务空间：10㎡–20㎡/人。但是，因业务性质的不同，每个人所使用的面积也有所不同。一般来说，和经营有关的业务面积较小，而设计开发部门的面积较大。另外，出租大楼和公司自用大楼相比，公司自用大楼的个人使用面积较大。

（5）办公空间的分区

一般是先进行具体的办公家具等的布局陈设，然后根据其所需的空间，邻近度及生活流线等，再加上室内环境的布置，进行分区设计。

在进行分区设计时，先对构成各楼层的垂直面进行分区（成为长筒式或垂直竖向式），在此基础上再进行楼层内的区分。在楼层内进行区分时，要考虑从共用部分开始的流线，办公室的进深尺寸，采光面对朝向等办公室的物理性条件，以及每个分区的性格，连贯性和有无接待等功能性条件。此外有关将来机构变更的对应措施等，也要放在分区设计中考虑（图40）。

（6）办公室的布局

根据分区设计，将适合个人和组织办公业务特性的办公家具和机器设备进行组合，对办公室进行布置，通过对这些办公家具的组合而产生的最小单元叫标准间，被称作是办公室布局的标准。与此同时，从保证个人最小限度的空间和环境这个意义上来讲，它是一个应该遵守的单元。在组织变动较大的机构中，并不是在每次的机构改革中办公家具的布局也发生变化，而是多采用保持办公家具和机器原样不动，调整队伍人员的办法。

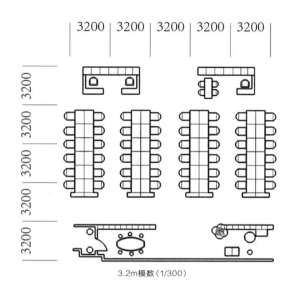

3.2m模数（1/300）

图39 标准层办公室模数

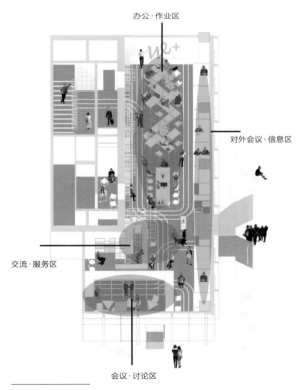

办公·作业区

对外会议·信息区

交流·服务区

会议·讨论区

图40 办公空间的分区

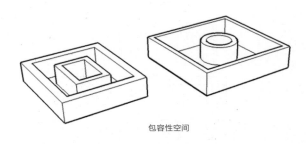

包容性空间

图41 单一的包容式空间

1. 共享   2. 主次   3. 过渡

图42 单一空间的三种穿插式

三、办公空间的空间组合

室内空间是通过分隔来实现的。但人们对空间的需要，往往是各种单一功能空间相互联系的组合体。因此，在空间组织设计时，需要设计师根据整体空间的功能特点、人流活动状况及行为和心理要求选择恰当的空间组合形式。

1. 单一空间的组合
包容式

即在原有的大空间中，用实体或虚拟的限定手段，再围隔、限定出一个（或多个）小空间，大小不同的空间呈互相叠合关系，体积较大的空间把体积较小的空间容纳在其内，也称母子空间。包容式实际上是对原有空间的二次限定，通过这种手段，既可满足功能需要，也可丰富空间层次，创造宜人尺度（图41）。

穿插式

两个空间在水平或垂直方向相互叠合，形成交错空间，两者仍大致保持各自的界限完整性，其叠合的部分往往会形成一个共有的空间地带，通过不同程度地与原有空间发生通透关系而产生以下三种情况（图42）：

（1）共享：叠合部分为两者共有，叠合部分与两者分隔感较弱，分隔界面可有可无。

（2）主次：叠合部分与一个空间合并成为一部分，另一空间因此而缺损，即叠合部分与另一空间分隔感弱，与另一空间分隔感强。

（3）过渡：叠合部分保持独立性，自成一体，叠合部分与两空间分隔感均较为强烈，实际上相当于在两空间原有形状中插入另一空间，作为过渡衔接部分存在。

邻接式

与穿插式不同，两空间之间不发生重叠关系，相邻空间的独立程度或空间连续程度，取决于两者间限定要素的特点。当连接面为实体时，限定度强，各空间独立性较强；当连接面为虚面时，各空间的独立性差，空间之间会不同程度存在连续性。邻接式基本分为直接邻接和间接邻接两种。

直接邻接：两空间的边与边、面与面相接处连接的方式（图43）。

间接邻接：两空间相隔一定距离，只能通过第三个过渡空间作为中间媒介来联系或链接两者。

图43 直接邻接的办公空间

线式组合　　　　　中心式组合　　　　　组团式组合

图44 多空间组合的复合空间

2. 多空间组合

　　虽然有时空间是独立存在的单一空间，但单一空间往往难以满足复杂多样的功能和使用要求，因此多数情况下，还是由若干单一空间进行组合，从而形成多种复合空间（图44）。

线式组合

　　这是一种按人们的使用程序或视觉构图需要，沿某种线型将若干个单位空间组合而成的复合空间，又称走廊式空间组合。这些空间可以是直接逐个接触排列，形成互为贯通和串联的穿套式空间；也可由单独的廊道等连接成为走道式空间，使用空间与走道空间分离，空间之间既可以保持连续性，又可以保持独立性。线式空间具有较强的灵活可变性，容易与场地环境相适应。

中心式组合

　　一般由若干次要空间围绕一个主导空间来构成，是一种静态、稳定的集中式的平面组合形式，特点是具有稳定的向心式结构，空间使用灵活，也可称为反射性空间组合。空间的主次分明，其构成的单一空间呈辐射状直接或通过通道与主导空间连通，中心空间多作为功能中心、视觉中心来处理，或是当作人流集散的交通空间，其交通流线可为辐射状、环形或螺旋形。

组团式组合

　　通过紧密连接来使各个空间相互联系的空间形式。其组合形式灵活多变，并不拘于特定的几何形状，能够较好地适应各种地形和功能要求，因地制宜，易于变通，尤其适于现代建筑的框架结构体系。

四、室内空间的总体分类

1. 形态设计

　　室内设计需要对建筑所提供的内部空间进行进一步的规划和处理，根据人们在室内空间的功能需求、审美需求和精神需求，调整空间的布局、衔接、形状、比例、尺度等，使内部空间更加合理，符合审美需求。

　　建筑设计已经为室内空间确定其基本功能配置和形态，

图45 室内空间的二次设计

图46 办公空间装饰设计玩转折纸艺术

但出于使用者的具体使用需求和审美需求，再加上建筑的使用周期较长，使用过程中会出现一些功能上的细微改变，往往会需要对内部空间进行二次设计（图45）。因而，也可以认为对内部空间的设计是设计师对未来人们在空间中活动情景的设计，是兼具功能和审美的"想象设计"。

2. 装饰设计

　　装饰设计主要是针对围合空间的建筑构件，包括对天花板、墙面、地面、柱体，以及对空间进行重新分割限定的实体和半实体界面的设计处理。这些界面的色彩、质地、图案会影响我们对室内内部空间的大小、比例等方面的感受，是形成空间的趣味、风格和整体气氛的重要因素（图46）。

图47 舒适的办公空间

图48 陈设艺术对办公空间的影响

室内的界面是室内空间构成的重要成分，是空间中面积最大的实体因素，具有较强的视觉影响力。在室内界面中，地板和墙面限制了空间的长宽比，并限定了人们的活动范围以及其他办公家具、陈设的大小；而天花位于上方，起着空间中垂直维度的提示作用，也是大部分光源的承载体；门、窗等室内重要构件也依附在界面之上。

3. 环境设计

内部空间的环境设计是对室内的声环境、光环境、干湿度及通风和气味等方面进行的设计处理。其目的是营造一个有益于人们身心健康的室内空间。这一范畴的设计工作是形成室内环境质量的重要方面，它与材料、技术的发展与应用有着密切联系。

人们不仅通过视觉感知空间形式、色彩和氛围等，还通过其他感官综合判断空间环境的舒适程度（图47）。良好的室内环境建立在各种技术因素的基础上，这些因素包括光与照明、设备、空调与排风换气设备、声学与音响设备、电气设备的运用以及材料和结构的处理等，舒适的室内环境需要对这些因素进行设计处理和调控。在这一工作中，不同气候条件的地区、不同功能的室内空间都有着不同的具体标准和要求。

4. 陈设艺术设计

室内陈设艺术设计主要是针对室内家具、陈设艺术品、灯具、绿化及室内配套纺织品等方面的设计处理。这些物品在满足使用功能的同时，也是营造室内空间氛围、营造美感的重要因素（图48）。

任何室内空间都要配置相应的家具、绿化、灯具和各种陈设，这些物品分布在室内的各个区域，以满足使用上的需要。而家具和各个陈设应在造型、色彩、图案和质感上具有审美价值，对满足人们的精神需求、形成空间气质起到重要作用。

五、室内空间设计原则

1. 满足功能原则

功能的满足是判断和衡量设计成果的先决要素。近年来，由于科技的进步、信息的迅速发展及人们观念的变革，人们对办公空间的要求愈加多样化，这使得办公空间在功能上不断完善、细化，在形式上也呈现出更新与变异。然而社会舆论的影响及信息的迅速发展使得设计师更关注形式的设计，形式是否美观成为衡量室内设计的好坏标准。这类作品或许在短期内可以赢得社会舆论的推崇，但对于真正使用它的对象而言，体会到的是过于追求形式而带来的功能实用的不便。因此，办公空间的室内设计要求物质与精神同在，相互依托，彼此关联，共同成就一个完美的内部空间形式。

不论办公空间是何种类型、形态，不论其使用对象如何，体现什么样的品位，营造何种氛围，其所构建的空间尺度、空间形式、空间组合方式等都必须从功能出发，在满足使用功能的基础上，注重空间设计的合理性。不同类型的办公空间引起各自的目标人群和使用性质的不同，而有各自不同的功能。任何一个办公空间室内设计都必须充分考虑不同的功能要求，并保证这些功能要求的实现。

Drees&Sommer股份公司新总部的设计帮助这家企业彻底完成了公司内部办公思想的转轨。打破僵化的工作岗位，注入"无疆界办公室"的概念，满足了现代化办公方式的要求——灵活的工作、出勤时间，团队规模得随时变化，全新的办公领域由流畅的空间组成，自由设置的半封闭"岛屿"中放置了半高的功能性办公家具，将空间划分成区域（图49）。办公空间隔离出来但令人感觉仍与整体空间保持一体。

图49 办公空间里的"岛屿"

图50 Onefootball总部

2. 强调以人为本的原则

在满足人物质需求的基础上，精神需求同样不能丢弃。以人为本的原则就是充分尊重人性，充分肯定人的行为，遵从和维护人的基本价值。

这里所述的以人为本的设计原则包含两方面。一方面针对使用者而言，办公空间是人们工作、学习、休闲娱乐的场所，服务主体是空间中的人，这就要求设计师需要根据使用者的身份、观念、涵养、性格、习惯等特点进行设计。另一方面针对委托方和设计师而言，以人为本的设计原则是一个设计师必须具备的基本素质。通过设计作品能够展现委托方的社会伦理、道德追求、价值观念和意识形态，同时能够展示设计师的人文素质与专业修养。体现一种人文价值和精神的创造，正是这种价值和精神才是优秀设计的真正魅力所在，才能成为经典。慕尼黑设计建造公司TKEZ Architects，为全球领先的足球公司Onefootball打造了一间新的总部办公室，在这约14000平方米的办公里，为全公司90名员工打造出一个令人兴奋的同时又极具专业性的工作空间（图50）。

3. 结合艺术的原则

办公空间室内空间的艺术化设计不再是单纯满足物质追求和纯粹的空间需求，而是要给人们多元的审美享受和空间享受。设计师运用空间构筑、形态造型、装置工艺、陈设艺术、色彩搭配等各种专业知识和手段，创造具有表现力和感染力的室内空间和形象，创造具有视觉愉悦感和文化内涵的室内环境。这种设计符合时代发展的需求，可满足市场经济下公众的个性需求，越来越多的办公空间出现室内设计与艺术的结合。这种艺术性的表达作品具有自由和非常规的特点，有着较强的视觉冲击力，令人难忘，是各种艺术思想的混合体。

结合艺术的原则要求设计师自身要有一定程度的艺术修养。当前室内设计与艺术之间的界限已经模糊，许多艺术家

图51 隈研吾设计的Gurunavi办公室

都在进行着室内设计的实践。因此，设计师的思想更应该具有艺术与文化活力的双重思维模式。

日本建筑师隈研吾设计了大阪的一家在线饮食指南——Gurunavi的办公室和咖啡厅（图51）。这两个空间都采用了相同的设计语言——把木板分层堆叠以创造出光条纹。他说："我们把木板分层堆叠成丘陵地貌，用于展示各种食品"。

图52 可回收的花旗松木

图53 优雅与现代并存的新古典风格

4. 尊重文化的原则

　　文化是设计的灵魂，是设计成果形成自身特色，区别于其他作品的关键。任何办公空间都处于某一特定环境之中，从社会环境、地域环境、历史环境、文化环境到空间内环境，都体现着特有的文化特征，正是这些环境与特征对空间设计提供了特定的设计条件和要求。设计师充分挖掘环境中的诸多要素，通过专业的分析、提炼与组织，将这种无形的文化特色转化为具体的设计语言，创造出具有环境内涵的室内空间。

　　尊重文化的办公空间，它不仅是一个能够给使用者提供活动的场所，而且可以作为文化传播的载体，表现特定的文化、场景，给人以联想的空间。

5. 营造鲜明特色的原则

　　空间的特色化设计是办公空间的重要设计原则之一。人们总希望在不同的空间体验不同的环境特色，同时通过这种特色符号来识别记忆一个空间。一个优秀的办公空间正是具备了其他空间没有的特色，才被公众识别与记忆。缺乏风格与个性，没有文化内涵的空间环境难以引起公众的认可，因此办公空间室内的特色化、个性化设计变得尤为重要。

　　办公空间室内特色化设计，不是脱离环境的天马行空，也不是其他优秀案例的生拼硬凑，它是建立在对空间环境及使用者需求的充分认识之上，通过系统的分析、整合，再由设计师发挥创意、创新想法形成的，是有据可依的设计行为。办公空间的多样性及服务人群的特定性，使其室内设计更应突出空间的环境特色，突出个性特征和设计理念，并把握好使用者的心理需求。

6. 注重生态原则

　　近年来，伴随着科技和社会的迅猛发展而带来的生态环境危机引起了人们的高度重视，资源枯竭和环境污染使人类自身面临着全球性生态危机。这一严峻的形势使人们不断地反省自身的行为，并积极寻找对策。

　　内部空间设计作为一种建造活动，同样应该贯彻这一理念，建立其设计建造的生态原则。这一原则要求设计工作应该始终具有清晰明确的生态观念，并积极地通过各种技术手段将其应用于实践，实现良好的生态效益。设计师需要从环境、构造、技术、材料等各个角度出发，针对室内项目从建造到使用过程中的能耗、污染、环保等各种问题，提出一系列的综合设计解决方案，从而达到降低污染、减少能耗和保护环境的目的（图52）。

六、内部空间设计的方法

1. 以设计风格为主题的设计

　　（1）新古典风格。在现代办公空间设计中，新古典风格保留了古典风格装饰中的形式及浑厚的文化内涵，摒弃了过于复杂的肌理和装饰，简化了线条。以一种多元化的思考方式，将怀古的浪漫情怀与现代人对生活的需求相结合，兼容华贵典雅与时尚现代，运用现代手法塑造空间，让空间具备了古典与现代的双重审美效果，反映出当代个性化的美学观点和文化品位。设计中注重线条的搭配以及线条与线条的比例关系，注重材质的选择（图53）。

　　（2）简约风格。以简约的表现形式来满足人们对空间、对环境的认识，是当今办公空间中最为常见的一种设计风格。现代简约风格讲求"形式随从功能"和"简约而不简单"的理念，讲求工艺简练精细，材料注重质感，内涵表达丰富，赋予空间更大的灵感和更深刻的主题。其特征是造型简洁、质地纯洁、工艺精细（图54）。

　　（3）高技派风格。高级派风格又称"重计派"，其强调设计师信息的媒介功能及设计的交流功能，突出当代技术的成就，讲究技术的精美，崇尚机械美。高技派在风格上善于表现富有时代特征的高科技化的机器美、结构美，室内设计的造型常显示出强烈的机器化的倾向，常采用对结构或机械组织暴露的处理手法（图55）。

图54 简练精细的简约风格

图55 崇尚结构和机器美学的高技派风格

图56 夸张大胆的前卫风格

图57 清新质朴的自然风格

（4）前卫风格。前卫风格设计多使用新型材料和工艺做法，追求个性化的室内空间形式和结构特点；运用大胆豪放的色彩，追求强烈的反差效果，或浓妆艳丽，或黑白对比并喜欢借用灯光效果达到塑造奇特效果的目的。在现代办公空间设计中，常常采用夸张、变形、断裂、折射、扭曲等手法，打破横平竖直的室内空间造型，运用抽象的图案及波形曲线、曲面以及直线、平面的组合等，追求独特效果（图56）。

（5）自然风格。自然风格提倡回归自然，意在突出生活的舒适和自由，唤起人们对大自然的无限向往。自然风格表达的是一种休闲态度，推崇"自然美"。这种风格认为只有崇尚自然，结合自然，才能在当今高科技、高节奏的社会生活中获得心理平衡和满足。办公空间设计的自然风格具体体现在以下几点：空间布局较为灵活自由；材料选择上，主张选用木料、织物、石材等天然材料，现实材料本身的纹理，追求清新淡雅，力求表现悠闲、质朴、舒畅的情调，营造自然、舒适的办公氛围（图57）。

2. 以材质应用为主体的设计

（1）以材质应用为主题的设计，主要体现在对材质肌理、质感及色彩的表达上。

图58 光滑平整的石质地面

以材质的肌理、质感为主体。质感有柔软与坚硬、粗糙与细腻之分。不同的质感会给人带来不同的心理感受。例如，抛光平整的石材质地坚硬，给人以严肃、沉稳、冷静的感觉（图58）；粗糙表面的石材、砖块给人以粗犷豪放的感觉；纹理清晰的木材、竹质材料给人以亲切柔和的感觉；金属材质不仅坚硬牢固、张力强大、冷漠，而且美观新颖，具有强烈的时代感；玻璃则给人一种现代、洁净、通透之感。

图59 明亮活泼的室内色彩

图60 凝聚视线的点

图61 垂直线带来的秩序感

图62 水平线带来的平和感

图63 水平线与垂直线的结合
    带来的运动感

图64 斜线带来的不安定感

图65 曲线带来的丰富动感

图66 以曲面增强空间的动势

（2）以色彩表达为主体。色彩在唤起人的第一视觉、注意力等方面比形体更加快速有效。色彩与人的心理和生理都有着密切的联系，不同的色彩会给人不同的心理感受。通过色彩变化刻意渲染、烘托出不同的空间气氛，营造出不同的主题氛围（图59）。

3、以空间造型形态为主题设计

（1）以点的构成为主题。点在本质上是最简洁的形且是设计中最小的单位。在可视的范围内，点的概念通过具体视觉对比而成。一定的形态的点有凝聚视线的效果，可以标明位置或使人的视线集中，在空间中可以处理为视觉中心或视觉对景（图60）；有规律排列的点的组合，能够给人以秩序感。点的形态在空间布置和界面构图中会随着位置、大小、质地和色彩的变化而产生不同的效果，在空间造型中扮演着不可忽视的角色。

（2）以线（直线、曲线）为主题。线是造型的基本元素，它能够在视觉上表现出方向、运动和生长的视觉特点，具有连接和引导的作用，是空间设计最为常见的一种造型元素。①直线又分为垂直线、水平线和斜线。垂直线可以表现

出一种竖向的平衡稳定感，给人以向上、崇高、理性等感觉，多个重复会出现一定的秩序感（图61）。水平线则给人一种稳定舒适的平和感（图62）。垂直线和水平线结合起来运用会产生一种打乱界面、空间失去界限、引导视线运动，进而使空间产生运动的感觉（图63）。斜线具有很强的动势，是一种活跃的视觉因素，并有一定的延伸趋势，会给人以不安定之感（图64）。②曲线相较直线更富于变化、更丰富、更复杂，具有动态的特征，在空间中起着活跃空间气氛的作用（图65）。

（3）以面（直面、斜面、曲面）为主题。在办公空间设计中，直面很常见，这里主要讨论斜面和曲面所传达出的独特效果。斜面的出现给方正的空间带来变化，使空间的透视感得到强化和变形（图66）。斜面的动势感，使空间产生视觉的流动性和纵深感。曲面可以是水平方向的，也可是垂直方向的，其常常与曲线一起运用共同为空间带来变化。曲面内侧面有明显的区域感，而曲面外侧则更多地起到对空间和视线的引导作用。

3

CHAPTER 3

办公空间的设计方法

现在人们向办公环境提出了越来越高的要求，这就使在对办公空间进行基本的功能区分后，还要对办公空间的界面，家具，色彩，照明，绿化设计进行新的设计。办公空间室内环境设计正经历从大众化向个性转变的过程，这是一个结合艺术，科学和生活的整合设计。不仅仅具有美化功能，还要对室内环境起调节和保护作用，比如正确的界面设计会使办公空间更加流畅，正确的家具设计会为办公人员提供便利，正确的色彩使用会缓解工作中的视觉疲劳，正确的照明设计会保护眼睛的视觉伤害，正确的绿化设计会减轻办公人员心理上的压力，这些设计方面的统合可以为工作人员带来情感和精神上的关怀，有利于创造一个更舒适和高效的工作环境。

01 办公空间的功能分区

一、功能分区的形成

办公空间的功能分区是办公人员基本需求的反应，人们在办公空间中工作、娱乐，因此形成了工作、学习、会客、娱乐、休息、盥洗、视听等功能区域。有什么样的经济社会，就会有什么样的生活形态和生活观念，同时也就会有什么样的办公空间的功能要求和空间形态。同时，社会经济的不断发展，人们的生活形态和观念不断改变，同时对办公空间的功能要求、空间形态和平面形式的要求也会不断变化。

每个独立的功能空间都有他们特定的平面位置与相应的尺度，但又与其他功能空间有机地组合在一起，构成各种不同的平面关系和空间形态。在面积受限的情况下，室内设计中会把空间功能进行重叠，也就是说，在同一空间内安排两种以上的功能，如会议和视听、会议和接待、办公和学习、就餐和休息等。

二、功能分区的要点

办公功能分区的要点是：在建筑设计的基础上，根据使用对象、性质和使用时间、方式等进行合理的组织，将性质和使用要求相近的空间结合在一起，同时又要避免使用要求不同的空间互相干扰。

1. 公私分区

办公建筑内部的私密程度通常因成员的增加和人的活动范围缩小而增强，同时其公共性则相应减弱。这种私密性不仅要求办公建筑的室内空间在交通、视线、声音等方面有所分隔，甚至在其空间布局上也要能满足使用者的心理要求。

在办公空间的室内设计中，应根据各空间私密性的不同要求对空间进行分层次的序列布置，将最私密的空间安排在最后。办公空间的空间私密性序列如下所示。

私密区：如管理人员的办公室，尤其是高级管理人员的办公室。他们不但对外来人员有私密要求，办公室内部人员之间也需要有适当的私密性。

半私密区：如进行工作后的休闲娱乐。他们对于工作成员之间无私密，但对于外人来说，仍有私密性。

半公共区：通常指会客、接待与客人公用的卫生间等空间，其公共性较强，但对于外部空间的人员来说，仍带有一定的私密性。

2. 动静分区

办公建筑室内空间的动区一般包括会客室、休息室、盥洗室等，这些空间绝大部分使用时间比较短暂，办公人员也没有安静、不被打扰的需求。而办公区则属于静区，主要使用时间较长，还有一些特殊性质的办公室，如行政单位的工作区也需要相对安静。总而言之，不管是公私分区还是静动分区，除了其实质的使用功能之外，还要与职业和个人的工作习惯、工作方式有关，不能以偏概全，要因人而异，做出具体详细的办公分区。

3. 洁污分区

洁污分区是指办公空间有时易产生烟气、垃圾及污水的区域和清洁卫生要求较高的区域的分区。也有将此理解为干湿分区，即对不用水与用水少的工作空间进行分区。因为吸烟室、盥洗室、卫生间用水量大且操作频繁，并有较多的污染气体散发和垃圾产生，相对较脏，因此将其进行集中布置较为合理。但由于它们在功能上的差异，需要布置在不同的分区内，布置时，卫生间与盥洗室还应该做洁污分隔设计。

02 办公空间的界面设计

空间需要经物理性划分才可存在和显形，任何一个客观存在的三维空间都是人类利用物质材料和技术手段从自然环境中分离出来的，由不同叙事的界面分隔和围合，并由视知觉参与推理、联想，使其有形化而形成三次元的虚空。空间一般由顶界面、底界面、侧界面围合而成，其中顶界面的有无，还是区分内、外空间的重要标志。

一、底界面

底界面： 通常指室内空间的基面或底面，在大部分情况下是水平面；在某些场合下，也可以处理成局部升降或倾斜效果，以造成特殊的空间效果。

水平底界面： 水平基面在平面上无明显高差，空间连续性好，但可识别性和领域感较差。通常可通过变化地面材料的色彩和质感明确功能区域（图01）。

抬高底界面： 抬高底界面是指在较大的空间中，将水平基面局部抬高，限定出局部小空间。当水平基面局部抬高，被抬高空间的边缘可限定出局部小空间，从视觉上加强了该范围与周围地面空间的分离性，丰富了大空间的空间感（图02）。

降低底界面： 通过降低基面的手法，可以明确出空间范围，丰富大空间的体形变化，同时可以借助一些质感、色彩、形体要素的对比处理表现更具有个性和目的的个体空间（图03）。

二、侧界面

侧界面主要包括墙面和隔断面，由于它垂直于人的视平线，因此对人的视觉和心理感受的影响极为重要。侧界面的相交、穿插、转折、弯曲都可以形成丰富的室内景观与空间效果。同时，侧界面的开敞与封闭还会形成不同的空间效果与视觉变化（图04）。

单面布局： 只具中心限定作用，但不会产生太强的围合感，属于极弱的限定，空间的连续性超过独立性。

L形布局： 围合感较弱，多作休息空间的一角。

平行布局： 具有较强的导向性、方向感，属于外向型空间，如走廊、过道等。

U型布局： 具有接纳、驻留的动势，开放段具有强烈方向感和流动性。单个面的长短比例不同，驻留感也会不同。

口型布局： 是限定度最强的一种形式，可完整地围合空间，界限明确，私密性、围合感都很强。

这是澳大利亚联邦银行位于墨尔本的分行电话营销中心的办公室，由詹姆斯·格列佛汉考克设计。其中，最令人惊叹的办公室设计是贯穿整个室内空间的墙面插画设计，色彩艳丽、细腻，有趣的插画表现城市景象和很多有趣的故事，有人物、花草、标志、路牌、涂鸦等。这是一个基于都市生活的创作理念，表现了有趣的故事、地名学和文化生活，设计师的最终目的是营造轻松愉快的工作氛围，减轻员工的工作压力（图05）。

图01 水平底界面　　图02 抬高底界面　　图03 降低底界面　　图04 侧界面的布局方式　　图05 插画设计的侧界面

单面布局　　　　　　L型布局

平行布局　　　　　　U型布局

U型布局　　　　　　口型布局

图06a 创意顶棚设计（Red Bull（红牛）多伦多公室）　　图06b 暴露结构的顶界面（Red Bull（红牛）多伦多公室）　　图07 平整式顶棚

三、顶界面

　　顶界面可以是屋顶的底面，也可以是顶棚面。除了界面形式不同可以造成人不同的心理感受之外，顶界面的升降也能形成丰富的空间感觉。

　　Red Bull（红牛）多伦多公室的顶棚设计别具匠心，设计师选用铝网筛孔这一特殊的建筑材料将吧台与开放式工作区巧妙分隔。在直线型的办公区，木饰面由地板延伸至办公桌，再由墙面攀升至天花板，犹如一条丝带在空间中蜿蜒，细腻的纹理与温暖的色调营造出舒适而温馨的办公氛围（图06a）。

　　现代顶棚的分类方式很多，按顶棚装饰层面与结构等基层关系可分直接式和悬吊式。

直接式顶棚

　　在建筑空间上的结构底面直接做抹灰、涂刷、裱糊等工艺的饰面处理。如果结构方式和构建本身都具有美的价值，那么顶棚就应该采用暴露结构的处理手法，这样不加或少加装饰也能取得很好的艺术效果（图06b）。

悬吊式顶棚

　　在建筑主体下方利用吊筋悬吊的吊顶系统，吊顶的面层与结构层之间留有一定距离而形成的空间顶棚。这类顶棚可以遮掩、隐蔽空间上部的结构构件及照明、通风空调、音响、消防等各种网管设备，还有保温隔热、吸声隔音等作用。室内建筑工程的顶棚主要以悬吊式顶棚为主，常见造型有平整式顶棚、凹凸式顶棚、悬吊式顶棚、井格式顶棚、玻璃式顶棚等（图07）。

03 办公空间的家具设计

办公家具是办公空间的基础功能设施，是办公空间的主体，与人的接触最为密切，它设计的好坏直接影响到工作人员的生理和心理健康、办公质量和效率等。

一、办公家具的设计原则

1. 实用性

办公家具的实用性体现在办公家具的使用价值，即功能性。利用现有的空间提供给工作人员便利的工作环境，扩大高效的空间使用率，提高工作效率的同时，满足人们的工作的舒适性。它要求所涉及的产品首先应符合它的直接用途，能满足使用者的某种特定的需要，而且兼顾耐用；并且办公家具的形状和尺度，应符合人的形体特征，适应人的生理条件，满足人们的不同使用要求，以其必要的功能性和舒适性来最大限度地消除人的疲劳，给工作和生活创造便利、舒适的条件（图08）。

2. 艺术性

办公家具的艺术性体现了办公家具的欣赏价值。它要求所涉及的产品除满足上述功能使用之外，还应使办公人员在观赏和使用时得到美的享受。办公家具的艺术性主要表现在造型、装饰和色彩等方面，造型要简洁、流畅、端庄优雅、体现时代感，装饰要明朗朴素、美观大方、符合潮流，色彩要均衡统一，和谐流畅。因此，办公家具的设计要符合流行的时尚，表现所处时代的流行性特征（图09）。

3. 安全性

办公家具的安全性既要求产品具有足够的力学强度与稳定性，又要求产品具有环保性，即在满足使用者多种需求的同时，有利于使用者的健康和安全，对人体没有伤害，不存

图08 实用式办公家具
图09 现代感办公家具

在毒害的隐患（图10）。应按照"绿色产品"的要求来设计与制造办公家具，除了产品本身能够符合标准中规定的力学性能指标、满足精心设计的使用功能和精神功能外，还应针对从产品设计、制造、包装、运输、使用到报废处理的整个生命周期过程等进行系统设计，使产品最大限度地实现资源优化利用，减少环境污染。

图10 安全型办公家具　　　图11 创造性办公家具　　　图12 Buck O'Neill建筑办公室

5. 工艺性

办公家具的工艺性指所涉及的产品应线条简朴、构造简洁、制作方便，在材料使用和加工工艺上需要满足以下要求：①材料多样化（原材料与装饰材料）；②部件装配化（可拆装或折叠）；③产品标准化（零件规格化、系列化和通用化）；④加工连续化（视线机械化与自动化，减少劳动力消耗，降低成本，提高生产率）。

5. 创造性

设计的核心就是创造，设计过程就是创造过程，创造性也是家具设计的重要原则之一。办公家具新功能的拓展，新形式的构想，新材料、新结构和新技术的开发都会为使用者带来意想不到的心理感受（图11）。

6. 可持续性

在发展低碳经济的道路上，低碳观念越来越平民化，办公家具设计业逐渐走向低碳可持续性。低碳设计是以材料为起点的，在办公家具设计的各个环节都要做到低能耗和低污染的要求，使用的材料不能加重自然环境的负载，宜采用低碳、可循环利用的装饰材料。以Buck O'Neill建筑办公室为例，它是一个践行环保的年轻建筑公司，办公室面积不大，选用的建材和建材的色调变化较少，设计师将更多注意力放到绿色可回收材料的应用上。办公位置之间的分隔墙、门厅墙壁和悬臂式的台阶都使用了可回收的花旗松木，工作台使用了paperstone，会议室、卫生间和厨房里则大量使用了软木瓦片（图12）。

图13 人性化办公家具

二、室内办公家具的选择要点

办公家具从使用上分为工作办公家具和辅助办公家具。工作办公家具指为满足工作需要而必须配备的工作台、工作椅、文件柜等。辅助办公家具指满足会谈、休息、就餐及特殊的装饰性陈设办公家具。办公家具的配置应当根据办公家具的使用功能、结构和原理，针对不同的空间进行合理配置。

1. 办公家具的人体工程学

根据人体工程学的理论，人们在空间中工作室的活动范围，即动作区域，是决定室内空间及配套设施的尺度的重要依据。人体的结构与尺度是静态的、固定的。而人的动作区域则是动态的，是由行为目的所决定的。在对办公设备、办公家具的尺寸数据、使用功能的设计上要考虑人们活动的动、静态相互关系，必须符合人的活动区域范围，提供相应的活动空间。同时，也要考虑使用的便利性和安全性、有效节省时间并提高工作效率。尺度的设计原则重要的是适应大多数人的使用标准，例如，对门的高度、走廊、通道的净宽，应按照较高人群的尺度需求，并且加以余量；对需要人触摸到的位置高度则应当按低矮人群的平均高度进行设计；对于办公桌、办公椅等工作单元的设计，按照目前的办公家具概念，根据具体的环境和使用者，应当设计可调节尺度的功能（图13）。

2. 利用组合功能进行空间分割

现代办公家具是在工业化生产的模式下，利用组合功能形成多种分隔区域。在不同状态中的分隔空间内可以利用办公隔断的高度来营造不同的空间环境。例如，在个人工作单元内应尽可能避免个人空间受干扰，在端坐时，可轻易地环顾四周，俯瞰时则不受外部视线的干扰而集中精力工作。隔断高度大约1080毫米，而办公区域临近走道的高隔断则可定为1490毫米。

3. 形式与环境的协调

办公家具的形式是和整体空间相互影响的。一方面，可以通过大规模的整体造型、材质和色彩来确定空间风格和机构性质；另一方面，也可采用中性、简洁的办公家具形式，色彩搭配来配合由空间界面的材质、色彩所营造的整体氛围。总之，它应当与空间的材料、色彩环境等风格相协调。此外，在办公家具的选择上应当符合办公机构的文化特征，使办公室环境更能完整地体现文化性。

三、办公家具的布置

结合空间的性质和特点，确立合理的家具类型和数量，根据家具的单一性和多样性，明确家具布置范围，到达功能分区合理。组织好空间活动和交通路线，使动、静分区分明，分清主题家具和从属家具，相互配合，主次分明。

1. 按空间位置布置

家具相对于办公空间来说，是具可动性的，可通过灵活的空间构件来调整内部空间关系，利用大件家具分隔空间，变换空间使用功能，划分使用区域，提高室内空间的利用率。家具在空间方面的布置有以下几种方式。

1）周边式： 家具沿四周墙面布置，留出中间空间位置，空间相对集中，容易组织交通，也为举行其他娱乐活动提供了较大的空间。

2）岛式： 将家具布置在室内中心部位，留出周边空间，强调家具的中心地位，显示出家具的重要性和独立性。

3）单边式： 将加剧布置集中在一侧，留出另一侧空间，工作区和交通区分区明确，干扰小，交通呈线型，当交通线路布置在空间的短边时，最为节省面积。

4）走道式： 将家具布置在室内两侧，中间留出走道，节约交通面积。

2. 从布局排列布置

家具在办公空间布局和排列上的布置方式有以下几种。

1）对称式： 家具的布置是以对称形式出现的，它能明显地体现出空间的均衡状态，给人以庄重感。

2）自由式： 以一种富于变化又有规律的不对称均衡安排形式出现，给人以活泼轻松的感觉。

3）集中式： 所有的办公家具围绕一种中心或以一组主要家具为中心。

4）分散式： 分成若干组家具，不分主次，适合按不同功能要求分区布置；有时还利用家具群之间的联系与分隔，造成办公空间内部的变化流动。

04 办公空间的色彩设计

一、色彩的美学设计方法

在室内环境中颜色起着至关重要的作用。无是否单独出现还是处在与其他事物的关联中，颜色都可以戏剧性地改变事物呈现的方式。颜色对室内居住者的生理和心理都会产生影响，一名优秀的室内设计师应该对此保持敏感。在室内使用颜色是一项微妙而细致的工作，因为已经完成的室内颜色是许多色区的混合体，这些色区不仅受人工光和自然光的影响，而且受观察者对颜色的诠释处理的影响。

多年来，人们做过很多尝试，想把色彩和谐或色彩美学的多条原则简化成一个通用的公式，但是这种努力通常都以失败告终。

1. 色彩的对比

色与色相邻时，与单独看到该色的感觉不一样，这就是色彩的对比作用。色彩对比分同时对比和连续对比两大类。同时对比是指能被同时看到的两种颜色的对比，它可以表现为色相对比、明度对比和冷暖对比。在色相对比中，原色与原色、间色与间色对比时，各色都有沿色相环向相反方向移动的倾向。如红色与黄色对比时，红色倾向于紫色，而黄色倾向于绿色。原色与间色对比时，各色都显得更鲜艳。不同色相对比，对比效果更显强烈。明度不同的色彩相对比，明者越明，暗者越暗。对比方明暗差别越大，对比效果越明显。彩度不同的色彩相对比，高者越显得高，低者越显得低。冷暖色彩相对比，冷者更显得冷，暖者更显得暖。

当两种不同的色彩先后被人看到时，两者的对比成为连续对比或先后对比。连续对比的效果属于色适应，对办公人员的视觉感有较大的影响，因此在设计时应扬利避弊，以满足办公空间的要求。

2. 色彩的统一

加强色彩的魅力。背景色、主体色、强调色三者之间的色彩关系绝不是孤立的、固定的，如果机械地理解和处理，必然千篇一律，变得单调。这就要求我们在对办公空间的室内色彩进行设计时，既要保证明确的图底关系、层次关系和视觉中心，又要保证色彩不刻板、不僵化。为了保持办公空间室内色彩的统一，需要注意以下三点。

1）色彩的重复或呼应。即将同一色彩运用到关键性的几个部位上去，从而使其成为控制整个室内的关键色。例如，将相同色用于办公家具、窗帘、地毯，使其他色彩居于次要的、不明显的地位。同时，也能使色彩之间相互联系，形成一个多样统一的整体。只有色彩形成彼此呼应的关系，才能取得视觉上的联系，唤起视觉的运动。又如白色的墙面可衬托出红色的沙发，而红色的沙发又衬托出白色的靠垫，这种在色彩上图底的互换性，既是简化色彩的手段，也是活跃图底色彩关系的一种方法。

2）形成有节奏的连续感。色彩的有规律布置，容易引起视觉上的运动，或称色彩的韵律感。色彩韵律感不一定用于大面积物体上，也可用于位置接近的物体上。当一组办公桌、一块地毯、一个靠垫、一幅画或一簇花上都有相同的色块，从而形成联系，使室内空间物与物之间的关系，像"一家人"一样，显得更有内聚力。办公桌、绿化等均可作为布置色彩韵律的地方。

3）形成强烈对比。色彩由于相互对比而得到加强，如果室内存在对比色，其他色彩就会退居次要地位，视觉很快集中于对比色。通过对比，各自的色彩更加鲜明，从而加强了色彩的表现力。提到色彩对比，不要以为只有红与绿、黄与紫等色相上的对比，实际上，采用明度的对比、彩度的对比、清色与浊色对比、彩色与非彩色对比的也非常多。哪些

图14 让人觉得温暖的米色墙面

用色多一些，或哪些色彩再减弱一些，都会影响色彩构图效果。不论采取何种加强色彩的力量和方法，其目的都是为了使室内统一协调又不失对比。

总之，协调色彩之间的相互关系，是色彩构图的中心。室内色彩可以统一划分成许多层次，色彩关系随着层次的增加而复杂，随着层次的减少而简化，不同层次之间的关系可以理解为背景色和重点色。背景色作为大面积的色彩宜用灰调，重点色作为小面积的色彩，在彩度、明度上比背景色要高。在色调统一的基础上可以采取加强色彩力量的办法，即利用重复、韵律和对比的方法强调室内某一部分的色彩效果。室内的趣味中心或视觉焦点重点，同样可以通过色彩对比等方法来强调它的效果。通过色彩的重复、呼应、联系，可以增强色彩的韵律感和丰富感，使室内色彩达到多样统一，即统一中有变化，不单调、不杂乱，色彩之间有主有从有中心，形成一个完整和谐的整体。

二、色彩在办公空间的运用

办公空间的层次具有多样性和复杂性的特点，各种物品的材料、质感、形式有联系又各不相同。追求办公室内色彩的协调统一，无疑是办公室内设计中色彩运用的首要任务。

1. 背景色的运用

根据面积原理色，背景常常适于采用彩度较弱的、沉静的颜色，使其充分发挥背景色彩的烘托作用。天然材料的色彩柔和清晰、饱和而丰富，能够满足不同个体在生理、心理及感情等多方面的个性化需要，选用天然材料色彩系列不失为一种设计捷径。

1）墙面色彩。墙面色彩宜用淡雅的色调，四面用色应相同。在配色上应该考虑与办公家具的协调。浅色办公家具可用与办公家具近似的颜色与之呼应，而深色的办公家具则可以用浅色的调子进行反衬。选择墙面色彩时，也应注意环境色调的影响。要考虑到色彩的冷暖，南朝向的房间宜用中性偏冷的颜色，如绿灰、浅蓝灰等；北面的房间则可选用偏暖的颜色，如米黄；中性色是最常见的墙面颜色，如米白、奶白等（图14）。

2）地面色彩。地面常采用与办公家具或墙面颜色相近而明度较低的颜色，以期获得一种稳定感（图15）。但在面积狭小的室内，应采用明度较高的色彩，让房间显得宽敞一些。

2. 主题色彩运用

主题色指的是可以移动的办公家具和陈设部分的中等面积的色彩组成部分，这些才是真正表现整个空间主要色彩效果的部分（图16）。考虑家居与陈设、隔断的色彩搭配时应尊重业主和员工的客观需要，常选用仿棉麻织物、仿天然木材等材质，色彩大多选用一种饱和的、更为清晰、柔和的混合色彩，不仅在有限的空间内为员工创造一种广阔的视觉空间环境，而且能够在工作范围内为员工创造一个舒适的个人工作小环境。

3. 强调色彩的运用

强调色彩作为室内重点装饰和点缀的地方，面积虽小但非常突出。室内设计过程中往往通过一些颜色鲜艳的小物体来打破整体色调的沉闷感。目前国内外流行的办公室装饰用色，基本上有如下4种搭配：第一，以黑白灰为主再加1、2种较为鲜艳的颜色做点缀（图17）；第二，以自然材料的本色为主，如颜色柔和的原木、石材等，再配以黑灰灰或其他适合的颜色（图18）；第三，装修及办公家具全都使用黑白灰系列，然后以摆设和植物的色彩做点缀（图19）；第四，用温馨的中低纯度的颜色做主调，再配以鲜艳的植物作装饰（图20）。以上色彩搭配基本上遵循的是简约而不单调的原则。

总之，以什么为背景及主题和重点，是室内色彩设计首先应考虑的问题。同时，不同物体色彩之间的相互关系也能形成多层次的背景关系。追求色彩的统一，是室内色彩运用的基本原则。我们所采用的一切方法，均是以此为目的的。办公空间室内的色调必须给人们以统一完整的、难忘的、富有感染力的印象。追求大部位色彩的统一协调，强化重点的色彩点缀，使办公室内的色彩达到理想的和谐状态。

图15 色调统一的办公空间

图16 主题色彩分明的办公空间

图17 黑白灰搭配鲜艳色彩的办公空间

图18 石材与原木搭配的办公空间

图19 黑白灰与植物搭配的办公空间

图20 温馨的色调与绿植搭配的办公空间

颜色	意义	墙面	地面	备注
	干扰，重	进犯的，向前的	留意的，警觉的	作强调色，很少运用，过多会增加空间复杂性，
	精致的，愉悦舒适的	可爱的，甜蜜的	过于精致，较少采用	如不是灰调则太腻
	沉闷压抑和重	如为木质是稳妥的	稳定沉着的	在某些情况下，会唤起糟粕的联想，需慎用
	发亮，兴奋	暖和与发亮的	活跃，明快	比红色更柔和，更具魅力，更衬肤色
	发亮，兴奋	暖，彩度过高会引起不舒服之感	上升、有趣的	黄比白更亮，常用于光线暗淡的空间
	生气的，保险的	冷、安静的、可靠的	自然的，柔软、轻松、冷	适合用于高度集中的办公环境
	冷、重和沉闷	冷和远，促进加深空间	引起容易运动的感觉	大面积使用淡蓝色，会使环境中的物体变得模糊
	中性色调	中性色调	中性色调	中性色彩，没有多少精神治疗的作用
	空虚的	空，枯燥无味，没有活力	似告诉人们，禁止接触	极端的亮暗变化，会引起眼睛疲倦
	空虚的，不详的	沉闷的，禁锢的	死气的，禁锢的	运用黑色要注意面积一般不宜太大

表1 办公空间背景色的意义

图21 鲜艳的壁柜色彩和家具与背景色的对比

三、办公空间的室内色彩构图

色彩在室内构图中可以发挥特别的作用：可以引起人们某物的吸引力，或使其重要性降低；色彩可以使目的物变得最大或最小；色彩可以强化室内空间形式，也可破坏其形式。例如，为了打破单调的六面体空间，它可以不依天花、墙面、地面的界面区分和限定，自由地、任意地突出其抽象的彩色构图，模糊或破坏空间原有的构图形式；色彩还可以通过反射来修饰。

由于室内物件的品种、材料、质地、形式和彼此在空间内层次的多样性和复杂性，室内色彩的统一性，显然居于首位，设计时应考虑如下几点。

1. 背景色。如墙面、地面、天棚，它占有极大面积并可起到衬托室内一切物件的作用。因此，背景色是室内色彩设计中首要考虑和选择的问题。

不同色彩在不同的空间背景上所处的位置，对房间的性质、对心理知觉和感情反应会造成很大影响，一种特殊的色相虽然完全适用于地面，但当它用于天棚上时，就可能产生完全不同的效果，如表1所示。

2. 装修色彩。如门、窗、通风孔、墙裙、壁柜等，它们常和背景色有紧密的联系（图21）。

3. 办公家具色彩。各类不同品种、规格、形式、材料的各式办公家具，如桌子、柜子、座椅、沙发等，它们是办公室内陈设的主体，是表现室内风格、个性的重要因素，它们和背景色彩有着密切关系，常成为控制室内总体效果的主体色彩（图22）。

4. 织物色彩。包括窗帘、桌布、地毯、沙发、座椅等蒙面织物。室内织物的材料、质感、色彩、图案等五光十色、千姿百态，这些和人的关系更为密切，在室内色彩中起着举足轻重的作用，如不注意可能成为干扰因素。织物也可用于背景，也可用于重点装饰（图23）。

5. 陈设色彩。灯具、文件柜、工艺品、绘画雕塑等，它们体积虽小，但常常起到画龙点睛的作用，不可忽视。在室内色彩中，常作为重点色彩或点缀色彩（图24）。

6. 绿化色彩。盆景、花篮、吊篮、插花、花卉、植物，各自有其不同的姿态色彩、情调和内涵，和其他色彩容易协调，它们对丰富空间环境、创造空间意境、加强生活气息、软化空间有着特殊的作用（图25）。

图22 沙发色彩对办公空间的控制　　图24 灯具对办公空间的点缀
图23 地面织物的色彩对办公空间的装饰　　图25 植物对办公空间的点缀

05 办公空间的照明设计

一、办公照明的设计原则

1. 安全性原则

安全性是照明设计的首要问题。设计、施工、使用等各个环节的安全问题都要予以考虑，丝毫不能松懈。

首先，设计过程中要对回路设置、负荷、防触电、防短路等电器问题进行充分考虑，避免火灾、触电等意外事故的发生，同时要考虑到照明设施在运行过程中检查、维护的安全性；其次，要考虑光线的安全性，如热效反应引起的光源爆裂，光线对人眼是否造成伤害等问题；再次，在选择照明器具时，要对照明器具构造的安全进行把握，尤其对组合型照明各部件的可靠连接、防漏电处理、散热性能等问题进行严格的考证；最后，对照明系统施工操作要进行严格控制，一是线路施工的规范性，二是照明器安装的牢固性，特别是重量沉、体积大的大型照明器材，要充分考虑其自重和外力的影响，严格设置有足够承载力的独立承力点。

2. 功能性原则

照明设计要从照明目的和照明设施的空间适用性等方面考虑，使用照明设计符合功能需求。要求对空间功能进行准确定位，根据空间的特定功能需求和环境的具体情况进行设计。例如，根据使用要求确定照明方式、选择照明的形式和光源色彩；根据室内界面构造、材质、室内陈设的布置方式、表面材料的物理性能等具体因素确定照度水平和光效等，形成满足使用要求且令人愉悦的照明环境。照明设施的选择要考虑使用空间的温度、湿度等物理条件，保障照明设施使用的安全性和耐久性。

3. 装饰性原则

照明设计是现代室内装饰的重要组成部分，为增强空间效果、丰富视觉效果、烘托艺术气氛发挥着重要作用，成为美化空间、营造环境氛围的重要手段。照明光源的表现效果具有不同的情感特征，照明设计不仅要利用光源的这种特性使人产生心理反应，同时要用于空间功能性质结合强大的光源色彩增强空间功能特征的显现。形态、材质、色彩各异的灯具本身就是很好的装饰元素，与不同光源搭配所产生的光效更增添了空间的审美情趣。而将光源与灯具融为一体，运用不同的组织形式，通过不同的控光手段，实现光环境节奏与韵律的变化，塑造不同的环境情调，增强空间的美感体验，也是灯饰照明设计的任务之一。

4. 经济原则

人们对照明设计尽管又增加了环境审美性的需要，但照明的基本目的是满足使用功能，施以增加不必要的照明设置和为仅追求装饰性而增加经济投入是不合理的举动。照明设计要准确把握功能需求和审美需求的度，减少额外的经济支出。一方面应该合理地进行功能需求的定位，然后通过科学的设计，提高照明设施的利用率；同时在设施的品质选择上，做到适中即可，这样可以有效降低一次性经济投入。另一方面，还要考虑照明设施的运行成本，即后续的经济投入。例如，选择耗能低、效率高、使用寿命长的光源，降低使用后维修、维护的难度等，这些都是减少后续经济支出的有效手段。

二、办公照明的分布方式

室内空间使用功能不同，照明方式的分布要求也不同。进行照明设计，首先要根据光照度分布的使用要求选择符合要求的照明方式。这要求设计师要对空间的功能性质进行定位，要对空间的功能区分和具体使用要求进行分析，然后根据照度分布效果选择合适的照明方式。

按照空间照度分布的差异，照明方式通常可以分为基本照明、分区一般照明、局部重点照明、混合照明四种方式。

1. 基本照明

为照亮整个空间而采用的照明方式，称为基本照明。基本照明通常是通过若干灯具在顶面均匀布置实现的，而且统一视场内采用的灯具种类较少。均匀地排布好统一的光线，形成基本照明照度均匀分布的特点，使其可以为空间提供很好的亮度分布效果。基本照明适用于无确定工作区或工作区分布密度较大的室内空间，如办公室、会议室、教室、等候厅（图26）。

基本照明方式均匀的照度使空间显得稳定、平静，尤其对形式规整的空间来说，更具有扩大空间的效果。从灯具的布置方式来说，尽管均匀的排布显得呆板，但同时也具有自然、安定之美。

由于基本照明不是针对某一具体区域，而是为整个视场提供照明，总功率较大，容易造成能源浪费。对一般照明的供光控制要进行适当设置，可以通过分路控制的方式控制灯光照度，根据时段或工作需要确定开启数量，以降低能耗。

2. 分区一般照明

对视场内的某个区域采取照度有别于其他区域的一般照明，称为分区一般照明。分区一般照明是为提高某个特定区域的平均照度而采用的照明方式。通常是根据空间内区域的设置情况，将照明灯具按一般照明的方式置于特定的工作区域上方，满足特殊的照度需要。分区一般照明适用于空间中存在照度要求不同的工作区域，或空间内存在工作区和非工作区的室内环境。例如，精度要求不同的工作车间、营业空间的服务台、办公空间的休闲区等（图27）。

分区一般照明不仅可以改善照明质量，满足不同的功能需求，而且可以创造较好的视觉环境。同时，分区一般照明也有利于节约能源。

3. 局部照明

为满足某些区域的特殊需要，在空间一定范围内设置照明灯具的照明方式，称为局部照明。局部照明的组织方式、安装部位都相对灵活，采用固定照明或可移动照明均可，使用灯具的种类也很宽泛，顶灯、壁灯、台灯、落地灯都可以作为局部照明工具。局部照明能为特定区域提供更为集中的

光线，使该区域获得较高的亮度。因而，该照明方式适用于需要有较高照度需求的区域（图28），或因空间位置关系而使一般照明照射不到的区域，或因区域内存在反射眩光而需调节光环境的区域，以及需要特殊装饰效果的区域等（图29）。例如，展览厅、舞台采用的投光灯，家居空间采用的台灯、落地灯等都属于局部照明。

因为局部照明可采用不用种类、不同透光效果的灯具，所以在光通量分布方向上有很大的可选择性，加之可采用可移动照明灯具，所以便于形成不同的光效果，塑造多变的光环境。但采用局部照明时，需要对光照度进行一定的把握，避免其与周围环境形成过于悬殊的亮度变化，造成视觉上的疲劳感。

4. 混合照明

由一般照明与局部照明共同组成的照明方式，称为混合照明。混合照明实质上是以一般照明为基础，在需要特殊光线的地方额外布置局部照明。但对局部区域进行的额外照明并非照明的重复或简单的叠加，其目的是又对区域进行强调，或对不同区域的照明效果进行调整，以增强空间感、明确功能性、创造适宜的视觉环境。组织合理、得当的混合照明能够满足不同区域的照度要求，也可以做到减少重点照明区域或操作面的阴影。混合照明是功能相对复杂或装饰效果丰富的室内空间中应用最为广泛的照明方式。

混合照明可在视场内形成不同照度、不同方向、不同色彩的光线相互交织的光环境，能够起到丰富空间、增强空间的装饰性、营造艺术氛围的作用（图30）。但如果把握不当，也会造成光污染，如因照度的不均匀造成观感时的局部疲劳等。

图26 采用基本照明的办公室

图27 采用分区一般照明的办公休闲区

图28 为提高办公区照度而进行的局部照明

图29 为增加装饰效果而采取的局部照明

图30 具有丰富光环境的混合照明

三、办公照明的空间组织

室内设计师对室内空间的调整与完善，是一项使建筑空间更加人性化、更具有人情味的工作，室内照明设计也应该因此起到更为递进的作用。对于综合性空间来说，根据使用与审美的需求，要对空间的功能性质进行区别定位，采取相应的空间组织措施，如对主次空间、公共空间与私密空间等方面的界定和组织。不同效果的照明设计则可以对上述空间组织起到辅助作用，增强空间的功能感。

1. 对主次空间进行区别布光

一个合理的完整的办公空间，内部的具体功能空间不存在绝对平衡，而应有主有次。空间的主次关系同任何事物的主次矛盾关系是一样的，它们是一种对立依存的关系。一般情况下，在进行室内空间功能组织设计时，主要功能空间和次要功能空间应该已经得到了明确的区分和针对性处理，这便要求照明设计以顺应空间设计所做出的正确定位为基础，进一步凸显主要空间的主导地位，明确空间的功能特性。

通常情况下，主要空间和次要空间的照度水平要有所差别，但这并不意味着主要空间的照度一定高于次要空间，照度高低的搭配要视空间功能性质的具体情况而定。主要空间是室内空间功能的核心空间，是功能的保证，所有应以主要功能空间的功能需求和氛围为依据进行主要空间的照度定位，继而进行附属空间的照度搭配。例如，如图的办公空间中，工作区是主要功能空间，其照度要求要达到满足正常工作的水平；介于工作区和走廊区中间的开敞会议区则需采取分区一般照明方式满足其开展会议的要求，而走廊是起着次要功能作用的空间，因此照度只要能够满足人通过时的明视需求就可以了（图31）。

在照明的组织手段、灯具的配光效果等方面，主要空间可以酌情丰富，形成光环境的主次差别。主要空间照明设计的着重性还体现在灯具形态、经济投入的适当侧重方面。例如，在办公楼的中心大厅可以选用体积较大、造价较高、视觉冲击强的灯具来体现特定场所的档次和品味（图32）。

次要空间是主要空间功能价值实现的保障，虽然处于次要地位，但是主要空间的依存对象，不容忽略。次要空间照明设计要遵循与主要空间一脉相承的原则，在处理力度上要适度降低，但要避免相差甚远。尤其是对亮度分布的把握，不可以造成主次空间亮度的悬殊对比，以免在不同空间流动时产生不利的视觉影响。

2. 满足空间公共性和私密性的照明要求

空间使用对象的确定性与不确定性的差别，形成了空间公共性和私密性的区分。

公共性空间是为不确定人群使用的空间或为某个特定人群所公用的空间如办公楼的大厅、接待室、休息室、集体办公区、休息区等空间。这些空间具有人流密集、使用频率高、气氛相对活跃的特点。照明设计的公共性体现在以功能空间的照明要求为依据，兼顾空间所在建筑整体照明设计格调，而对主观因素的考虑只以群体为分析对象，不考虑个别使用者的特殊需求。在照度设置上，越是人流密集的空间越要保证充足的照度。抛开使用要求不说，流动性强的空间容易使人员集中，照攘的人群即便没有产生过多的嘈杂，也会令人感觉烦躁，而低照度则容易使人心情郁闷，加强人们的不安感，因而要适当提高照度，以明亮的环境舒缓人们的情绪（图33）。

私密性空间的使用人群通常具有确定性或阶段确定性，即空间属于某一个人、几个人私人使用，或在一定时期内为几人占有。在某些情况下，此类空间就需要去针对个别需求来进行灯光设计。例如，设计高级管理人员的办公室时，一方面要根据使用者的爱好选择灯光的组织形式、灯具款式、光源色；另一方面要适度降低一般照明的照度，采用必要的局部照明提供相应的照度需求，形成空间的恬静、安逸感和私密感（图34）。

3. 促进空间的流通性

人从事任何活动都不是绝对单一的行为，而是系列行为，而且行为过程有一定的次序性。活动的流畅完成依赖的是合理的空间流通性及空间的序列感。出于对空间流通性的考虑，照明设计既要做到功能区分的明确，又要做到对静态和动态的考虑，以及对空间序列的体现。

空间流通性的体现手法，要视各功能空间或功能区域之间的建筑界定方式而定，通常可通过灯具形式变化、光源色变化等手段来实现空间流通性的塑造。为体现功能的区域性，可根据不同的功能采取相应的照度变化，这将使特定区域与其他区域形成照度差别。明确了区域性，照度设置的变化也使整体空间不至于过于暗淡。空间的功能差异，形成空间的动、静特点，光通量分布的不同对塑造空间的不同功能特征有着重要作用。静态空间的光环境一定要具有稳定、安静的气氛，否则容易使人产生浮躁情绪，影响正常工作。同样的，动态空间如果不具备活跃、灵动的氛围，也会阻碍空间功能的实现，尤其对交通空间来说，适宜的灯具布置形式可以形成序列感，产生导向作用，空间序列的体现也可使人产生快速通过的激情（图35）。

4. 体现空间的过渡性

当两个功能不同的空间相衔接时，为了缓解突兀感，可以采用过渡空间的形式进行联系。例如，个人办公室由室外向室内的转换，或由开敞空间转向封闭空间，都可以利用过渡空间进行衔接处理。在性质完全不同的静态空间和动态空间的联系中，也可以利用过渡空间实现功能的缓冲。

过渡空间照明设计，要将两个相邻空间的光环境特征进行融汇，其做法是调和，而不是重叠。例如，夜晚室外的光环境相对较暗，室内则是灯火通明，因此门厅的照明设计首先要考虑照度的缓冲，其照度水平要介于室外照度与第二室内空间之间，以免亮度的悬殊变化引起人视觉的不适。除了亮度之外，光环境氛围的过渡也是过渡空间照明应有的作用（图36）。

图31 主次空间的照度搭配
图32 别具一格的照明灯具对空间气氛有烘托作用
图33 具有清爽、轻松之感的办公空间照明
图34 具有私密感的照明环境
图35 具有流通感的空间照明设计
图36 电梯过道的照明实现了室外空间与前台照明的过渡

❑6 办公空间的绿化设计

一、植物的美学特性

　　凡是适用于室内栽培和应用的绿色植物，统称为室内植物。从以往的消费习惯来看，观叶植物因其大多原产于高温多湿、阳光不足的热带雨林中，耐阴性强而适合于在室内环境中栽培；而且观叶植物叶片色彩鲜明、变化多样，观赏价值极高，如吊兰、一叶兰、常春藤、肾蕨、巴西木等；还包括一些仙人掌科及多肉多浆植物类，如芦荟、仙人球、山影拳等。随着消费水平的提升和消费习惯的改变，观花植物也走进了室内环境中，如杜鹃、红掌、蟹爪兰、仙客来等，这些美艳动人的植物以其独特的美丽装饰着室内环境。为更好地表现出室内植物的装饰效果，在正确选择植物进行室内空间装饰之前，需要充分了解植物的美学特征。

1. 植物的大小

　　不同的植物有株型大小之分，即便是同一种植物，株型也有所差异。应根据室内空间的大小来选择适当的植物。大多数室内植物的高度应控制在2米以下，人们一般把成长后高度在0.5米以下的称为小型植物，如文竹、仙客来等，适合做台面或窗台的盆栽摆设，或做壁饰、瓶景、吊篮。成长后高度在0.5米~1米的植物称为中型植物，如君子兰、天竺葵等，可单独布置或与其他大、小植物组合在一起。成长后高度在1.5米以上的称为大型植物，如榕树、橡皮树及棕榈科的其他植物，一般在空间中做焦点植物，或在高大宽敞的空间中做点缀性植物（图37）。

2. 植物的叶形和叶质

　　植物的叶形和叶质都是植物较为持久的、视觉较为强烈的特征。植物叶片的形态千变万化，情趣不同。如龟背竹叶片上的深深的羽裂和大大小小的洞，奇妙而美丽；合果芋

的叶片呈宽戟形，远望上去像蝴蝶在翩翩起舞；文竹的叶片则纤细如羽毛；绿铃的叶片变成球形，仿佛一串串绿色的珍珠。这些植物单独放置时，能营造出各自不同的氛围。龟背竹、春羽、橡皮树这样叶片大型、叶质有光泽的植物，具有厚重的效果；而同样具有大型叶片的八角则给人以柔美的感觉；苏铁叶柄线条坚挺，充满阳刚之气，而散尾葵枝条向上生长伸展，呈现一派欣欣向荣的景象（图38）。

3. 植物的色彩

　　色彩是室内设计中最显著的因素，植物的色彩是通过叶色和花色发挥装饰作用的。植物叶片的颜色变化丰富，叶片的颜色仿佛植物的时装，吸引着人们的视线。对于一些植物来说，叶片的颜色不止有一种，有的植物在绿色的叶片上有着其他颜色的条纹或斑纹，如花叶万年青、黛粉叶等；有的植物叶片呈红、黄等艳丽的色彩，如七彩朱蕉、彩叶草、变叶木等。

　　花朵的颜色则更为丰富，不同色彩的花朵营造出不同的情感氛围，大红色的热烈、蓝色的宁静、白色的素雅、紫色的神秘……在不同的季节摆放不同开花植物，就可以创造出四季多变的室内景观。

4. 植物的内涵

　　植物不仅具有迷人的外表，更有着深刻的文化内涵，并以其特有的方式与人类进行着交流。蝴蝶兰花色艳丽，花期长，花型似翩翩起舞的蝴蝶，显示着主人的庄重大方。红掌红火般的色彩让人顿觉眼前一亮，不禁怦然心动；心形的苞片，就像一颗欲动的红心，热烈而奔放；而白掌则不仅可以观叶，而且可观花，绿色叶片中间长出白色的手掌形的划片，似航行在大海中的一艘帆船，故又名"一帆风顺"；银皇后叶色呈银黄色花斑，具有高贵典雅的气质；绯牡丹为仙人球嫁接品种，别具一格，极似一轮刚刚升起的红日，充满着朝气和希望。下图是一些常见的室内植物的象征意义（图39）。

图37 植物的大小在空间里的搭配

生机感

阳刚感

柔美感

厚重感

图38 形态各异的植物给人的感觉不同

牡丹 富贵

吊金钱 心心相印

一品红 祝福你

变叶木 害羞

变叶木 善变

杜鹃
生意兴隆、爱得喜悦

君子兰
富贵、君子之见

春羽 忍耐

巴西木 繁荣昌盛

长寿花 长寿

栀子花 洁净

国兰
花中君子、清洁高雅

柱子 虚心、有节

花毛莨 坚韧

图39 植物的各种内涵

图40 植物在空间中的点配置　　　　图42 植物在空间中的曲线配置　　　　图44 植物在空间中的墙面式配置

图41 植物在空间中的直线配置　　　　图43 植物在空间中的平面式配置

二、植物的配置方式

1. 按照占据空间位置划分

点式

选用具有较高观赏价值的盆花、树木布置在窗台、桌面、茶几、墙角、柜顶等位置，或将树盆集中放置在墙角、沙发旁等地方，或悬挂于空中，成为点式布置，具有装饰和观赏两种作用（图40）。

直线式

选用形象、形态较为一致的盆花，连续排列于窗台、阳台、台阶或厅堂的花槽内，组成带式、折线式或呈方形、回纹形等，能起到区分室内不同功能，疏导和组织空间，调整光线的作用（图41）。

图45 植物在空间中的隔断式配置

图46a 植物在空间中的悬挂式配置

曲线形

把花木排成弧线形，如半圆形、圆形、S形等多种形式，与办公家具结合，借以划定范围，组成自由流畅的空间，或利用不同株型的植物创造有韵律的高低相间的花木排列，形成波浪式绿化（图42）。

平面式

在室内一角或中央成片布置数十盆植物，形成一片花坛或丛林景观（图43）。

隔断式

用特制的木格子悬挂植物，或让花架爬满藤本植物，或使植物垂直编织成绿色屏障，可分隔空间遮挡视线，所用的空间小，又显得精致（图44）。

悬挂式

利用各种吊篮将具有垂挂特性的植物悬挂于空中。这种空中绿植可与建筑构件、装饰气球、灯具等组合成优美整体，起到丰富空间层次，增添生活情趣的作用。常被悬挂在

门廊、窗口、墙壁上，需要注意的是，其高度不应影响人的活动，要注意安全性（图45）。

2. 按照绿化植物的数量划分

孤植

孤植是采用较多的最为灵活的配置形式，适于室内近距离观赏，其姿态、色彩优美、鲜明，能给人以深刻印象，多用于视觉中心或空间转折处。放置时应注意其背景的色彩及质感关系，并有充足的光线来体现和衬托46b。

对植

是指在相对呼应的布置，可以使单植对置或组合对植，常用于入口、楼梯及主要活动区两侧（图47）。

群植

一种是同种花木组合群植，可以充分突出某种花木的自然特性，突出远景的特点；另一种是多种花木混合群植，配置要求疏密相间、错落有致，可丰富景色层次，增加园林式的自然美（图48）。

图46b 植物在空间中的孤植（湛江市力拓地产-办公室）　　图47 植物在空间中的对植

图46c 湛江市力拓地产——办公室　　　　　　　　　　　图48 植物在空间中的群植（景观式办公）

3. 按照意向作用划分

内外空间的过渡与延伸

将植物引进室内，使内部空间兼有自然界外部空间的特点，作为室内外空间的过渡。其手法是在入口处布置花池或盆栽，在门廊上的顶棚上或墙上悬吊植物。在进厅等处布置花卉树木，能使人从室外进入建筑内部时有一种自然的过渡和连续感。借助绿化使室内外景色通过透明的围护体互渗互借，可以增强空间的开阔感，增加变化，使室内有限的空间得以延伸和扩大（图49）。

室内的提示与指向

由于室内绿化具有观赏的特点，能强烈吸引人们的注意力，因而常能巧妙而含蓄地起到提示与指向的作用（图50）。

空间的限定与分隔

利用室内绿化可形成空间或调整空间大小，而且能使各部分保持各自的功能作用，并保持整体空间的开敞性和完整性（图51）。

柔化空间

现代办公空间大多是由直线型和板块形构建所组合的几何体，常给人生硬冷漠的感觉。利用植物特有的曲线、多姿的形态，柔软的质感、悦目的色彩和生动的影子，可以改变人们对空间的印象并产生柔和的情调，从而改善大空间空旷、生硬的感觉，使人感到亲切宜人（图52）。

图49 植物的过渡与延伸作用　　图51 植物的分割和限定作用（Google Dublin ——谷歌都柏林办公园区）

图50 走廊植物的引导作用　　图52 植物的柔化作用

三、植物在不同办公空间的运用

1. 门厅

门厅是室外通往室内的必经之路，起着空间过渡、人流集散的作用。在装饰时，首先要考虑出入的正常通行和从内到外的空间流动感。门厅的布置大多根据空间的大小，空间较大较宽敞的，多采用对称的规则式布局法，中间用花盆堆叠成花坛，形成视觉中心，两侧用高大的观叶植物作陪衬，下面用低矮植物作烘托，让人从两侧进出，给人以开阔、舒展的感觉；空间不大的门厅，则宜在两侧周边做布置，可选择娇小玲珑、姿态优美的小型观叶植物，这样布置既不拥挤又不空虚，充分显示出室内观叶植物装饰的艺术魅力，可以柔化空间视线。较高的门厅可用蔓生性观叶花卉吊挂，增强空间层次感，既不影响视线，又保证出入方便。

2. 出入口

无论是建筑的入口还是外部空间（如庭院）的入口，都被人们视为植物装饰的重点，在建筑空间序列中占有"首席地位"。因为入口不仅是"内"与"外""彼"与"此"的划分点，更是来此处的人们的第一印象，用植物来美化可以说是"画龙点睛"。在入口处进行绿化时首先要满足功能要求，以不影响人的正常通行及阻挡行进的视线为基础。强调入口的绿化方法一般有诱导法、引导法、对比法三种。诱导法是在入口处种植明显的植物，让人在远处就能判断出此处为入口，如种植具观赏性的高大乔木或设置鲜艳的花坛；引导法是将通道入口的道路两旁对植绿化，使人在行进过程中视觉被强迫性地引向入口；对比法是在入口处变化树种、树形、绿化的颜色等使人的视觉连续受到阻断，从而引起人们对入口的注意。

3. 走廊

走廊是室内交通走道，具有分隔空间的作用。由于走廊大多不具备日照条件，需选择耐阴的小型盆栽，如万年青、兰花、天竺葵等，也可制成网状绿篱，缀上藤蔓植物，颇是有趣（图53）。

4. 楼梯

楼梯是人们上下楼的必经之路之一，一般在楼梯口摆放一对中型盆栽，或在楼梯口拐角和休息平台处摆放大型、中型观叶植物，或在高脚架上配置鲜艳的盆栽，可使经过的人感到温暖、热情。楼梯虽是上下交通的小空间，却可以较多地布置、陈设盆栽花卉。楼梯两侧和中部转角平台多成死角，往往使人感到生硬而不雅。但经绿化装饰后，就可以弥补这一视觉缺陷。在楼梯的起步两侧，若有角落，可放置棕竹、橡皮树等高大的盆栽，中部平台角落则宜放置一叶兰等低矮盆栽，也可顺着楼梯侧排列，给人一种强烈的韵律感，从而使单调的楼梯变成一个生趣盎然的立体绿色空间（图54）。

5. 办公室

办公室是从事各类工作的人员终日办公的地方，设计师应根据办公室的性质和办公人员的喜好选择植物的摆放位置，总体原则是在不给工作带来麻烦的基础上使办公空间显得更清新。色彩搭配不宜过于华丽、跳跃，力求使办公室人员感到舒畅、轻松、振奋。也可以将盆栽植物（如龟背竹、棕竹）置于墙角，在文件柜上摆一盆常春藤，窗台上摆放文竹或铁线蕨等，使室内显得春意盎然。传统的办公室一般空间比较小，一般只在办公桌、茶几、窗台等处放置一两盆室内观叶植物即可，也可在墙角设置角柜或花架，陈设花盆栽植的藤本植物（图55）。空间稍大的办公室，可以在墙角或沙发地上摆放一盆较大型的室内植物，但不能摆放过多，以免显得臃肿杂乱。

6. 会议室

会议室是需要布置盆花和插花的主要场所之一，有大、中、小之分，应根据会议的规模、性质等来布置。布置小型会议室时可将植物放置在屋子的一角或以椭圆形排成一圈，中间留有地域台面的花槽中可以摆设花卉或观叶植物，也可进行插花布置，高度一般不高于台面10cm，以免影响视线（图56）。中型会议室的会议桌多在室内呈长椭圆形或呈长方形布置，桌子中间相应地成为椭圆形或长方形的凹池，一般用观叶类盆栽植物来装饰，如南阳杉、棕竹、苏铁、蒲葵、鹅掌紫等较大型的植株，呈对称式布置，高度不高于桌面10厘米，以免遮挡视线（图57）。大型的会议室与中小型会议室相同，一般将会议桌排成"口"字形，中间留出空地，空地上用盆花排成图案或自然式，也可用大型花艺作品布置，这种布置方式不但能充实空间，缩短人与人之间的距离，还可以活跃气氛，让人宛如置身于生机勃勃的自然之中（图58）。但不同的是，大型会议室绿化布置的重点是主席台，特别是成立大会、表彰大会或庆典，主席台应当布置得花团锦簇并以绿色植物，做背景或边饰，渲染热烈的会场气氛。

图53 走廊一侧的绿化墙 　　图55 利用绿化点缀办公空间 　　图57 中型会议室绿化

图54 花园型的生态螺旋楼梯 　　图56 小型会议室绿化 　　图58 大型会议室绿化

四、植物的功能作用

1. 净化室内空气、调节小气候的作用

　　植物能调节空气温度、湿度，吸收二氧化碳，并释放出氧气，同时能净化室内空气，还有吸音作用，并能有效遮挡太阳光，吸收热辐射及隔热。观叶绿植能够高效地改善空气质量、吸收甲醛等多种有害气体，过滤办公楼内流动的空气中的霉菌等有害细菌，减轻精神压力，调节办公空间气氛，提高员工的注意力和工作效率。经绿植美化后的环境能够减轻员工因封闭室内环境引起的头痛、恶心及眼睛干痒等问题。绿植能够向空气中释放水分，避免因使用空调、计算机及中央供热系统产生的室内空气过分干燥的问题。一些室内绿植能够去除办公空间内地毯、办公家具、油漆及其他合成材料产品释放的有害气体（甲醛、苯、一氧化碳），如竹属绿植、仙人球、铁树、棕榈、松树、常青藤及龙舌兰属等。

2. 办公空间的限定与有效分隔的作用

利用绿化可限定或连接空间，使各部分既能保持各自的功能，又不失整体空间的开敞性和完整性。以绿化分隔空间的应用十分广泛，如在开敞办公室之间、办公室与走道之间及需要分隔成小空间的某些大的会议室，同时对于重要的部位，如办公空间出入口，可起到屏风作用。分隔的方式大都采用地面分隔方式，如果空间条件许可，也可采用垂吊植物由上而下进行空间分隔。

3. 引导联系空间的作用

联系室内外的方法有很多种，但都没有比利用绿化更鲜明、更亲切、更自然、更惹人注目和喜爱。富有生机的绿植在室内的连续布置，从一个空间延伸到另一个空间，特别是在空间的转折、过渡之处，更能保证空间的完整性。

4. 重点突出空间、提示与指向的作用

办公大门入口、楼梯进出口、交通中心或转折处、走道尽端等，既是交通的要害和关节点，也是空间的起始点、转折点、中心点等，是重要视觉中心位置，也是引起人们注意的位置，因此，放置醒目的、富有装饰效果的、甚至名贵的植物或花卉，能起到强化空间、重点突出的作用，起到标志作用。但需要注意的是，位于交通路线的一切陈设，包括绿化在内，必须以不妨碍交通和紧急疏散为前提，并根据空间大小、形状来选择相应的植物。

5. 柔化空间、陶冶情操、放松心情的作用

绿植花卉以其千姿百态的自然姿态、缤纷的色彩、生机

勃勃的生命，与冷漠刻板的金属制品、玻璃制品及僵硬的建筑形体形成强烈的对比。它可以改变人们对空间的印象并产生柔和的情调。室内植物作为装饰性的陈设，比其他陈设更具有生机和魅力。它可以在色彩、质地和形态方面与室内墙面、办公家具陈设形成对比，以其自然美感增强环境的表现力。从色彩上看，植物可以同墙面、地面、背景色彩形成对比，使植物更加清新悦目。从质地上看，植物同现代办公家具的材质相对比产生各自不同的肌理效果并互相衬托，从而产生一种回归自然的独特意境。从形态上看，现代办公环境更趋于简洁、明快，而植物的轮廓自然，形态多变，大小、高低、疏密、曲直各不相同，这样与建筑室内的方正空间形成了鲜明的对比，消除了墙面的生硬感和单调感。

绿色植物可缓解眼部疲劳、放松心情、减轻压力，这是植物最重要的作用。研究证实，当绿色在人们视野中占据25%，可有效缓解疲劳，对人的精神和心理最为适宜。通过观赏生机勃勃的绿色植物，能使人的身心得到充分放松和调节，对于平时工作压力较大的上班族最为适合。在感到疲劳或情绪紧张烦躁时，不妨转移一下注意力，为植物施施肥、浇浇水、剪剪枝，这种能对心理起到最佳的"按摩"作用。

总之，植物在办公空间应用非常广泛，内容极其丰富，形式也丰富多彩。室内植物作为室内环境的重要组成部分，在室内环境中占据着重要地位，也起着举足轻重的作用。认识到植物陈设配置的作用并在空间设计中发挥它的作用，必将创造出丰富多彩的人性办公空间。

4

CHAPTER 4

办公空间的设计新趋势

传统的办公空间是工作的"容器",现代新型办公空间则成为人们工作和交往"媒介",它包括高度灵活的交流空间和工作方式,它不再是传统的金字塔式的办公模式,单纯的程序性工作场所将转变为一个信息交流的场所。本章就办公空间的新趋势进行分析,为读者提供相对流行的办公空间新趋势。

01 办公空间设计新趋势概述

办公空间是现代人生活的中心。随着时代的发展，社会历史的变迁、设计风格转变、建筑发展、材料更替、家具及设备发展、人们工作方式和工具的改变，办公空间设计也在不断地发展，并一步一步地进行演变。现代办公空间设计随着这些发展呈现出多样化的新趋势，它既是对以往办公空间的继承、延续和发展，也是为办公空间的进一步发展和演变奠定基础。

未来的室内设计是怎样的？室内设计不仅仅是一种形式的设计，图形和色彩上的推敲，这种对室内设计表面的理解往往会使设计走向形式化、表面装饰化，而在过于注重装饰的背后却没有机会研究隐藏在形式背后更深层的文化内涵和技术内涵。设计应该是艺术、科学与生活的整体性结合，是功能、形式与技术的总体性协调，通过物质条件的创造来满足精神上的需求。将改善人们的生活环境，提高生活质量作为最终目标，在深入了解地域特点、技术可行性、人的行为、环境特征之后，塑造出一个合乎现代气息、具有文化气息，又能使人们身心愉悦的办公空间。

现代办公空间设计需要考虑的层面越来越复杂，涉及科学、技术、人文、艺术等诸多因素，现代办公空间室内设计亦表现出百花齐放的局面，不断地创新和人性化设计，是现代办公空间所要面临的新课题。当代设计理念的多元化和共享化已经越来越受到人们重视，在设计理念上，办公空间更加注重空间的开放性、共享性、弹性设计，以及社交休闲功能性和生活与办公一体化，同时人们越来越重视生态环境的设计，如何应对设计中人与人、人与机、人与环境的关系成为一大趋势，在设计中需要将人与自然环境和谐共处与实现节能高效的办公新理念结合起来。也就是说，单纯的形式美感、满足基本的功能需求与对空间的高利用早已不能满足现在对办公空间的定义了，而是满足现代办公空间多样化的功能需求，包括节能环保以及智能办公技术的需求，同时还要兼顾到舒适性和空间对人们工作效率的最大化提高，以及在心理上对人们的影响。

一、人性化趋势

人性化设计的核心是关注人本身的多方面需求。人是办公空间的主角，又是办公空间设计的主题和服务目标，人的需求决定着设计的方向。"以人为本"的设计理念使设计师开始把更多的目光从产品转移到使用者——人身上，设计出更符合人性化的办公环境是设计师未来的另一个目标。数字化时代技术更为发达，在信息社会里，网络和虚拟社区并没有使人与人之间的关系变得更为密切，反而强化了个人的孤独和私人化的生存方式。在竞争激烈的社会里，人们更需要有一个舒适方便、功能齐全的办公空间，在繁忙的工作后希望有一处贴心温暖、可以恢复疲惫身心的家，设计于是承载了对人类精神和心灵慰藉的重任。

人性化设计和环保意识将在办公空间设计中得到充分体现。未来的办公空间无论是外观、内部空间还是整体设计都将"以人为核心"，一切有关的素材、技术都要考虑到人的因素，包括视觉、听觉、触觉、味觉，乃至安全等方面。布局、通风、采光、人流线路等更加人性化，更贴近大自然，体现出一定的精神功能。室内季节性温差调节、自然风的转换、降低日常费用消耗，风力、电能、太阳能的利用，使得人性化的办公空间实现了先进科技与人文精神的高度平衡和谐。

二、生态化趋势

中国古代就有"天人合一""物我一体"的哲学思想，自然与人有一种内在的和谐感。人不仅仅具有个人、家庭、社会的社会属性，更具有亲近自然的自然属性。未来的室内设计应该是生态的设计，作为设计师，需要有社会责任感，室内设计不应该为了一时的美观而产生过多浪费，而应该采用环保可持续的材料，保护环境而不是对生态进行破坏。创造出环境友好型的空间，使人与自然和谐共存。

生态设计需要处理好人与自然的大环境。对大环境的保护表现在两个方面：一是对大自然的有节制的索取，二是植物造林，创造新的自然环境。办公空间设计属于小环境的创造，应把设计重点放在创造好的工作条件上，如温度、光线、湿度、空气、通风等。在能源和材料的使用上应该节约能源、重复利用、循环使用，使用可再生资源，在设计中考虑再利用的方式，利用自然要素来改善环境，可以重复运用自然光、自然风、太阳能等可再生资源。

三、多样化趋势

多样化办公空间趋势主要包括智能化、复合化和虚拟化。多样化的趋势使得办公空间更加丰富多彩，在多元化的社会中能更符合人们物质和精神上的需求。

以信息技术为核心的高科技不仅影响了生活的方方面面也影响了办公空间。未来办公空间依托于智能化建筑的发展而发展，随着智能化建筑及办公自动化的发展呈现出智能化的倾向，越来越适应网络时代的办公需求。多功能一体机代替了打印机、传真机、扫描仪。无纸化办公成为主流，员工可以随意选择自己的座位，只需接上笔记本电脑就能工作，极大地提高了空间利用率。

未来的办公空间功能也从单一走向复合，由不变走向可变，常常与酒店、餐饮、购物、健身、娱乐、会议、游憩等功能相结合，以适应瞬息万变的信息社会需求。

未来办公空间还呈现出了虚拟化的特征。未来是一个信息的世界，一个依赖于数字化生存的世界。在信息时代，便捷的沟通方式使人类可以自由选择工作地点或工作时间，人们可以选择任意工作时间并使得团队二十四个小时都处于工作状态。

如今，越来越多的人选择利用虚拟办公的方式进行办公。

本章从环保节能类、生态绿色类、智能化办公、功能复合化、LOFT办公、虚拟办公六个方向分析了现代办公空间室内设计的发展趋势，为提升我国办公空间品质提供了对策。随着产业结构的调整和经济的发展，越来越多的人进入办公空间工作，办公空间室内设计已经越来越引起业内人士的重视。探索办公空间的发展新趋势，要在现代的办公空间满足功能的基础上，增添更多的艺术性、技术性，追求开放性与共享性、灵活性，形成集社交休闲功能和生活与办公一体化的多样化复合空间。本章我们将了解现代办公空间设计的发展趋势和发展方向，为设计适应当今时代发展要求的办公空间打好基础。

图01a　　　图01b

02 环保节能类
办公空间

如今环保节能已经成为现代社会的首要问题，办公空间作为一个重要的生活、工作空间，为了未来生活的可持续性，人们意识到保护环境、节约能源是必须要重视的。

对于室内设计来说，环保节能的设计就是要摒弃无用、繁缛复杂的和不必要的东西，利用简洁实用的原则进行设计，在材料的使用方面，要利用绿色自然、生态环保的材料，并且避免浪费不必要的能源消耗。确保室内自然通风和采光，使环境安全舒适、贴近自然。在设计办公空间中运用节能环保的理念已经成为一种趋势，那么如何处理空间、选择材料，如何做到办公空间的节能环保？这些问题都是在设计中值得我们去思考解决的问题。

一、环保

1. 轻装修重装饰

"轻装修重装饰"的理念已经深入人心，装修就是对空间进行布置的基本规划，就是常说的硬装部分，除了必须满足的基础设施以外，为了满足房屋的结构、布局、功能、美观需要，添加在建筑物表面或者内部的一切装饰物。装饰就是常说的软装部分，是人类为了满足功能、美观需要，附加在建筑物表面或者室内的装饰物与设备等（图02a、图02b、图02c）。

"轻装修，重装饰"的说法已经越来越受到推崇，这种理念十分节能环保，是设计理念的革新。办公空间的装修和设计体现着室内设计科技进步、设计理念进步、装修进步的各种成果，新材料、新技术、新理念都可以在办公空间设计中体现出来。例如，随着新材料、新技术、新理念的进步，自

动采光系统、消防管理、敏感报警系统等逐渐应用于办公空间。人们也越来越热爱个性化、人性化的空间，越来越讲究清洁、能源循环利用、节能环保。

在设计中，"轻装修重装饰"也指在装修中如果过分依赖于硬装，增加无谓的造型，在后期既不利于更改，又会产生许多浪费。而软装的方法内容丰富，相对于硬装而言，软装注重设计技巧的运用，注重设计要素搭配及设计要素对人们的心理感受，软装使用材料少、施工步骤少，对材料和资源的消耗少，其环保性十分明显，除此之外，软装还能给人们带来许多个性化的选择，根据不同的需要来设计软装可以改变其风格，活跃办公空间的气氛。

2.低碳设计

在可持续设计的思想理念引导下，发展低碳经济的观念越来越被人们所重视，室内设计也逐渐向低碳化开始发展，"低碳城市""绿色办公建筑"潮流在全世界范围内兴起。在低碳设计中应该充分考虑到材料的环保，在办公空间的各个环节中做到低能耗、低排放、低污染，使得空间更加宜人、舒适。

办公空间装饰设计使用的材料应表现出对大自然的尊重，不能超过自然环境的负荷，应该采用环保、可循环利用、对环境破坏少的装饰材料。例如，装饰地板可尽量采用木塑板或者PVC塑胶地板或者瓷砖，少使用原木和实木，减少树木砍伐；采用天然的板岩，不使用稀有昂贵的石材。用简单的材料得到理想效果。

在材料的使用中，对于环保可循环材料的使用已经越来越普遍，其中木塑板这种新型材料在市场中十分流行。木塑板是采用各种废旧塑料、废旧木料及农作物的剩余物复合而成的（图03a、图03b、图03c）。因此这种材料的广泛

图02a 桌面软装   图02b 家具装饰   图02c 餐桌软装   图03a 木塑板   图03b 树脂板   图03c 海基布

应用，有助于减轻塑料废弃物的污染，也有助于减轻农作物焚烧对环境带来的污染。木塑复合材料是一种全新的环保产品，是对废弃材料进行回收利用生态环保的复合材料，蕴含着巨大的经济效益和环保效益，在办公空间设计中是十分不错的选择。

除了木塑板，树脂板、海基布、椰壳板、黑板漆也是常用的环保材料。这些新型材料可以减少浪费并可循环利用，实现办公空间的低碳设计，从而减少对资源的耗费及对环境的破坏。时下兴起的"零材料费"装饰设计，是说这种装饰材料的成本极为低廉，接近于零。

二、节能

对于办公空间设计而言，良好的采光可提高工作人员的工作效率。曾有研究表明，良好的日光效果可以使工作绩效增长5%~25%，良好的采光已经成为了未来办公空间设计的趋势。这种类型的办公空间已经成为了现代办公空间的潮流。欧美不少国家已经开始开发这种技术并将其定为一种标准，美国绿色建筑委员会颁发相关证书——"能源与环境设计先锋"证书。

良好的通风条件是改善空气质量和生活环境的重要方法，建筑通风是生态建筑普遍采用的比较成熟的技术，自然通风应该取代机械通风和空调制冷，这么做一方面可以不消耗能源降温除湿，另一方面可以减少细菌的滋生，创造一个健康舒适的生活环境。

建筑的自然采光应与自然通风结合处理主要靠门窗和通风井道来实现，开窗对厂房的视觉效果至关重要。序列明确的开窗形式和构成效果强烈的开窗方式都可以取得很好的视觉效果（图04）。但其主次一定要分明，否则就会出现花和乱的感觉。

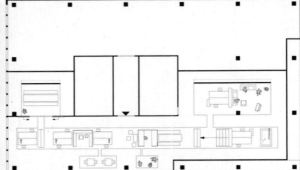

图04 结构强的开窗　　　图05a 平面布置

三、案例分析

1. 环保与时尚—— Gummo 办公空间设计

　　Gummo是一家提供全方位服务的独立广告公司，位于阿姆斯特丹，是一个临时性建筑。i29l室内建筑事务所是一个富有创造性的多功能工作室，旨在从事智能化设计和塑造鲜明的形象。i29l 相信客户需要本着"减量、重复利用、循环再造"的环保理念来创造一个时尚的办公空间，尽可能减少对环境和客户经济上的压力，这不仅对环境有益，而且能节约成本（图05a、图05b、图05c）。

　　i29l以自然、简约和务实的设计理念来反映Gummo的个性，表现出朴素、简单、直截了当，时尚又富有幽默感。办公环境中的一切装饰都只有白和深灰两色，所有家具都是可循环再利用或来自Marktplaats（荷兰的 eBay）和慈善商店，一切家具和装置都通过环保的聚脲热喷涂工艺处理成深灰色，即使是耶稣肖像。整个办公空间是独立于原有建筑环境之外的，i29l创造了一个视觉吸引力极强的450平米的开放空间。所有家具和装置的统一色彩使你的注意力被完全吸引到空间之中，而不是分散到周围环境中。极简的内部设计允许融入众多不同类型的家具，从而得到丰富有趣的细节。深灰色地面划分出接待区、工作区、休闲区、小型看台等区域，为Gummo广告公司创造了一个新的空间（图05d、图05e）。

　　i29l以追求耐久的设计理念努力实现长远的内部空间使用。Gummo 办公环境是一个拥有无限发展空间的案例，随着公司的成长或变换场地，它可以很容易地扩大或缩小。i29l没有采取常规的方式进行设计，没有刻意追求风格，以简单和几乎抽象的方式来体现结构和节奏，而不是时尚风格。Gummo

办公环境是以最低成本搭建优质临时空间的完美案例。

　　临时性和可持续发展似乎是难以调和的概念，这是一个存在于室内设计领域的现实问题。鉴于许多内部空间的设计使用周期不超过五年，这个问题越来越多地受到重视。通过 Gummo 办公环境设计，这个问题似乎得到了答案，采用相当简单的做法，即所有单个元素都是深灰色并以简单的分区系统进行连接，i29l提出一个有趣的解决方案（图05f、图06g）。

2. Yandex公司基辅办公室

　　Yandex公司的基辅办公室由在莫斯科的za bor建筑事务所设计（图05a、图05b、图05c）。Yandex公司是最有名的俄罗斯网络搜索引擎，也是世界25个顶级网站之一。

　　这个位于俄罗斯叶卡捷琳堡的Yandex公司办公室占据一个新商务中心的15层楼。设计平面形似一个马蹄的形状，室内所有空间都围绕一个垂直的交通系统排布。建筑师Arseniy Borisenko和Peter Zaytsev在评论该设计的优点时说："我们力图使每一项工程环保。Yandex公司基辅办公室所展现的是采用自然材料，创造的人性化的空间：这是一个使人感到舒适、新奇、愉悦的场所；而不是像那些死板、灰暗的办公室，包覆在标准的塑料材料里。在构思Yandex公司基辅办公室的设计时，我们力图创建一种现代、颇受欢迎的空间，也就是，将这家IT公司将对员工关心和重视的特质注入其中。"

　　办公室的设计一改往日所见的灰暗主题，通过选择天然材料创建轻松愉悦的办公氛围，设计师力图打造一个舒适、现代、有点古怪但令人愉悦的新IT办公环境（图06d、图06e）。由于面积较小，除了可满足基本功能，设计师希望通过复杂的几何造型来创建一个新奇的空间感受，两层奇特的玻璃隔墙，与其相配的楼梯。每层放置15个工作位和一间会议室，由于面积紧凑室内仅设置了便捷的咖啡区。

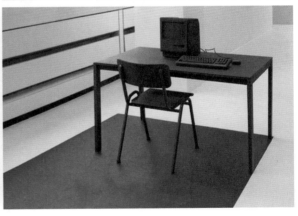

图05b 娱乐室　　　图05c 书吧　　　图05d 台球室　　　　图05e 书吧　　　图05f 办公室　　　图05g 办公桌

图06a Yandex公司基辅办公室平面布置　　图06b 走道　　图06c 走道　　图06d 办公室　　图06e 办公室

03 生态绿色类办公空间

对自然的尊重是近年来提出的观念。随着全球生态危机的加剧，人类越来越体会到保护自然、保护生态环境的重要性，这种理念在设计中就体现为可持续发展的原则。1999年，北京UIA大会发表的《北京宪章》中指出："走可持续发展之路是以新的观念对待二十一世纪建筑学的发展，这将带来又一个新的建筑运动。"在建筑界，走可持续发展之路已经成为人们的共识。这在室内设计领域也不例外，在室内设计中贯彻可持续发展的原则正成为广大室内设计师的共识。办公空间的绿色化涉及对自然的尊重和对人体健康的关注。从对自然的尊重而言，应尽量引入天然采光和自然通风，尽量在办公空间内实现节能设计，通过一切技术手段减少办公空间对自然资源和能源的消耗，减少对自然的伤害，体现可持续发展的原则。

一、绿色办公空间的营造

办公空间的绿色化表现为尽量在内部空间引入自然元素，环境心理学的研究表明室内自然景观可以满足人类向往自然的天性，具有缓解工作压力和获得理想视觉景观的作用。因此，我们可以尽量通过运用植物、山石和水体营造富有自然气息的人工环境，为广大员工提供良好的工作环境。

从关注人体健康而言，在办公空间的室内设计中，应该注重使用绿色材料。科学研究证明：以往的不少装修材料中存在对人体有害的元素。因此从保障员工健康和提高员工的劳动生产率出发，必须采用绿色材料，改善办公空间的室内空气质量，这在当前发达国家的室内设计中已经成为共识。

二、案例分析

1. 都市农场：PASONA公司总部大楼

近年来，由于都市人对田园生活的向往，出现了许多对都市农场的尝试项目（图07a、图07b）。

位于日本东京的PASONA公司总部大楼并不是以都市农场为噱头，他们已经超越了简单的景观装点，而将室内农场做到了极致。他们的尝试为办公空间设计开启了新大门，利用人们内心对田园、农场、自然的热爱，唤起人们的回忆，将农场与现代都市结合，使办公室生态环保并具有生活气息。番茄缠绕着会议桌，花椰菜长在前台，柠檬树被作为隔断，沙拉菜叶长在会议室，豆芽长在长椅下——这是日本人力派遣公司保圣那的日常办公场景。2010年，纽约的设计公司Kono Designs在东京为保圣那建造了这幢九层的都市农场，以便让保圣那员工可以在工作中种植并收获自己的食物（图07c）。

设计师最初拿到的任务是翻修一幢建筑年龄50岁的楼，包括办公区域、礼堂、自助餐厅、屋顶花园，还要配备都市农场设施。建完之后，在这幢19974平米的办公楼内，有3995平米被超过两百种植物、水果、蔬菜或水稻所装点。植物收成之后都会被送到员工自助餐厅供日常食用。这使得保圣那都市农场成为东京地区最大的"农场直达餐桌（farm-to-table）"办公项目。

大楼有双层绿化立面，鲜花和橘子树种在小阳台里。这些植物部分依赖外部自然气候生长，创造了一个生机勃勃的动态立面。虽然那边会减少商业写字楼的可用面积，但保圣那认为都市农场和绿色空间给公众和员工的效益足以弥补这些损失。

图07a 室内种植   图07b 室内种植   图07c 保圣那室内顶棚种植   图07d 室内生态融入   图07e 立面植物景墙

原本的建筑结构导致室内净高不足，为了最大程度地保留天花板高度，所有的管线立杆都尽量埋在周围。大梁底部的边缘隐藏安装着照明设备，这样就不用为满足照明进一步降低天花板高度。从办公楼的3楼到9楼都采用了这种方法，比传统的吊顶照明节能约30%。设计师还采用专门的气候控制系统来控制室内湿度、温度、空气流动，确保员工的安全和农场的可持续发展（图07d、图07e）。

"设计并不聚焦在满足现有的绿化标准上，那些标准关注能量补偿和效率。"Kono介绍说，"我们关注的是一幢绿色的大楼如何改变人们对日常生活的感知，甚至对自己职业选择和人生路径的思考。" 保圣那鼓励员工积极参与维护和收获这些农作物，还有农业专家团队提供技术支持。这些耕种上的团队合作增强了员工的互动，也让他们在工作中能更好地相互配合。因为收获的农作物是同事的食物，这也培养了员工的责任感和成就感（图07f、图07g）。

2. 欧特克工程建设分公司总部大楼

欧特克作为全球最大的二维、三维数字设计软件公司，为全球无数工程建设项目提供了领先的设计理念和工程软件，协助一幢幢高楼大厦拔地而起。如今设计其在沃尔瑟姆的工程建设分公司公布大楼时，KlingStubbins国际建筑设计集团不仅运用了绿色建筑理念，更应用了自己的建筑信息模型理念来完成项目（图08a、图08b）。

图07f 植物景墙　　图07g 植物吊灯　　图08a 休息处　　图08b 走道

作为一个获得《绿色建筑评估》体系LEED白金级认证的工程，欧特克拥有许多可持续设计的特点，Autodesk Revit Architecture软件及其互操作功能提供了Autodesk Ecotect等功能强大的能源分析工具。在这些工具的帮助下，项目团队才有能力迈向LEED白金可持续发展设计的目标。在操作过程中，Autodesk Revit Architecture软件与这些工具直接相连，这就让设计团队能够通过模拟而更加高效地得出结论，为得到更好的设计决策提供服务。例如，取得LEED认证最重要的一个方面就是采光问题。于是，设计师就在虚拟环境中设计出几种不同的办公室、会议室和其他工作场所布局，并将Autodesk Revit模型与Autodesk Ecotect分析软件及综合环境解决方案（IES）软件相连，分析设施内部的采光情况，而最后确定的设计方案保证了至少90%的工作区域都能只依靠自然光就满足基本照明需要。又比如实施提高水资源和能源利用效率的措施以减少家庭用水和能源消耗达30%之多，回收利用无毒建筑材料，建筑业拆建废料回收，以及室内设计为所有工作区设计直接提供自然光源的视野。

整个办公空间的完成都与建筑信息模型技术密不可分，对于建筑设计师而言，这不仅仅要求将设计工具实现从二维

图08c 轴测分析图

到三维的转变，更需要在设计阶段就突破单纯建筑设计的桎梏，融合协同设计、绿色设计和可持续设计理念，使得整个工程项目在设计、施工和使用等各个阶段都能够有效地实现节省能源、节约成本、降低污染、提高效率。目前，这一理念已经成为可持续设计的标杆和里程碑（图07c）。

3. 森林中的办公室——Aquaplannet办公总部

Aquaplannet在松阪的总部，坐落于日本Mie县内。建筑师不追求塑造雕塑感的建筑而是力求打造一个与环境有效互动的空间。建筑师在一个矩形大体量中设置一个开放的大空间，一些盒子穿插其中，不同类型的开窗将花园的景色引入建筑，四季转换在这里清晰可见。这个灵活的办公场所在舒适之外还提供了与自然互动的高品质空间（图09a、图09b、图09c）。

包括员工具体活动范围在内的这一大型体量被规划在种有植被的场地内。有着不同宽度、高度和深度的场地建在同一体量内，通过设计室内空间和作为同等空间元素的花园，人们透过窗户观看风景，并建立室内之间的联系。体量内的大型反射天花板将室内元素与外部的各种色彩和光源较好地融为一体——随着季节、气候和时间的改变而改变（图09d、图09e）。

　　这一工程提出了办公室设计的一个新方法，它使得人们在选择工作场所时不仅仅将其功能或类型作为依据，同时也要考虑到该空间体验的品质及其通过反射的自然对于人体所产生的影响（图09f、图09g）。

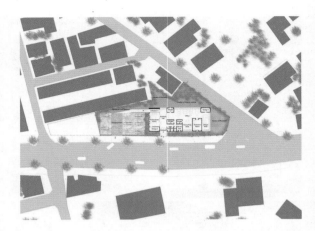

Spring of Blossoms

Summer of Green Leaves

Autumn of Red Leaves

Winter of Silence

Tunnel Framing

Sky Framing

Horizontal Framing

90 degrees Framing

图09a 基地地理位置　　图09b 外观立面图　　图09c 办公区　　图09d 入口　　图09e 会议室　　图09f 概念分析　　图09g 概念分析

04 智能类办公空间

随着信息技术的不断创新及区域无线网络的普及，智能化建筑及办公自动化的发展使现代办公呈现出智能化的走向：先进的通信技术和自动化系统使办公人员工作更加方便快捷。高度舒适的工作环境、高效率的管理系统、先进的计算机网络和远距离通信网络、开放式的楼宇自动化系统构成智能化办公的四项基本要素。无纸化与数字化办公的实现，办公设备的进一步完善使公司中的所有信息可以通过网络和传真机进行共享。办公家具的更新、新材料与办公设施的融合、空间多元化的设计都是办公智能化的体现。

随着现在人们对生活和办公环境的高质量要求，人们在生活中渐渐地步入了智能化时代，使得智能化深入人心，写字楼空间的发展也步入了智能化的时代。智能化办公室是现代社会和企业共同的发展目标，也是写字楼空间设计的发展方向之一。

一、智能化写字楼室内设计的特点

1. 写字楼办公环境的内部设计要注意先进设备通信系统的设计，写字楼装修设计要充分考虑提供一个好的安全快捷的通信服务系统。

2. 写字楼装修设计要把办公自动化系统充分地融入我们的设计方案中，我们可以对电路进行一个合理的规划设计，建立一个电脑终端、多功能电话、电子对讲系统，提高工作交流效率。

3. 智能化写字楼设计要合理地对电气、空调等做好规划，为员工提供一个安全的工作的环境，装修设计写字楼时要充分考虑好防灾、防盗等各个方面的安全要求。

4. 随着高科技成果的不断应用，如视频监控、消防管理、敏感报警系统等，办公环境越来越安全，这也体现着在科技、设计观念、装修工艺上的各种成果。写字楼设计信息技术装置的速度要求正推动着商业通信基础设施的发展，先进的光纤电缆和共享宽带互联网接入已经加速了收发邮件、浏览网页和下载数据的速度。计算机化的通信和信息存储技术已经变得非常完善，体积越来越小、性能越来越高的计算机逐步成为标准配置，越来越多的公司对其所处环境的安全要求越来越高。

便携式电脑和网络技术的发展使人们的办公形式发生了很大变化。据国际著名的策划公司DEGW统计，目前大约有20%~30%的白领人士处于流动状态，这些白领在全市，全国甚至全球范围内奔走，因此如何为这些白领人士提供一个舒适的工作环境就成为值得思考的问题。为了应对这一趋势，不少设计师都进行了尝试。（图10）

二、案例分析

1. 美国海沃氏家具公司

美国海沃氏家具公司（Haworth）和上海瑞安集团就试图通过公共区域，半公共区域和私密区域的划分来应对办公智能化的趋势。

在海沃氏家具公司新天地企业大厦的亚太区办公总部内，办公区分为三部分，即：公共区域，半公共区域和私密区域。公共区域向所有办公人士开放，在这一区域内设有工作式休闲椅和因特网（internet）接口，办公人员可以随时通过网络与客户联系，同时办公环境也设计得相当休闲，办

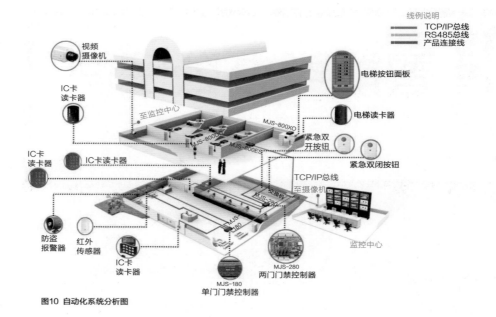

线例说明
━━━ TCP/IP总线
━━━ RS485总线
━━━ 产品连接线

视频摄像机

IC卡读卡器

至监控中心

IC卡读卡器

IC卡读卡器

防盗报警器

红外传感器

IC卡读卡器

MJS-800XO

MJS-800DC

MJS-800ES

MJS-280

电梯按钮面板

电梯读卡器

紧急双开按钮

紧急双闭按钮

TCP/IP总线
至摄像机

监控中心

MJS-180
单门门禁控制器

MJS-280
两门门禁控制器

图10 自动化系统分析图

公人员既可以俯瞰新天地的人工湖，又可以免费享受欧式咖啡，舒适放松；半公共区域主要为企业大厦的租户和海沃氏家具公司的客户服务，可以同时容纳80人左右，适合进行展览、会议、小型培训等活动，并能提供餐饮服务；私密区域则通过灵活隔断与半公共区域分开，仅为海沃氏家具公司的工作人员服务。海沃氏公司就试图通过公共区域和半公共区域为流动的白领人士提供舒适的办公环境，促进人们之间的交流，激发员工的灵感，展示未来办公空间智能化设计的新理念（图011a、图011b）。

2. KOKUYO智能环保办公空间

日本最先进的办公空间体验展厅位于日本东京JR品川车站附近，建设在高楼林立的现代化城市间，外表看起来像时尚现代的庭院，而在这里可以感受到自然、环保、智能的超级办公体验（图12a）。KOKUYO东京品川办公楼采用了许多智能化的办公设备，如整个办公楼采用中央采光系统，通过使用自动感应系统，照明及空调实现节能环保；采用中央采光换气系统，使人时刻都能感觉到季节的变化，利用智能化的方式使人与自然的关系紧密结合起来；使用蓄电功能办公桌，可以随处自由办公。

而KOKUYO体验办公室采用的节能设备，通过节能空调系统、节能照明系统可以自动感应到是否有员工在办公，从而自动控制风量，与传统空调机器比，大约节能21%（约合CO_2排量14吨）左右；节能LED照明灯具，如同空调系统一样，能自动感应办公人员的在否，自动调节亮度，与传统照明设施比大约节约60%电量（约合CO_2排量25吨）。

在办公区域采用自然天光，通过智能自动化设备——安装在花园及室内的自动感应天窗，可以将外面的光照及空气引入室内，在室内照明及空调设备方面节约能源。使用LED的智能照明系统，通过感应器调节室内亮度及色温，实现智能照明（图12b）。

在整个楼层导入可视化软件，员工和研究人员能随时确认办公室内的用电量及本人最近的能源使用量。员工还可以通过系统了解本人节能达标进度，通过系统指导寻找更好的节能工作方式，大大提高了节能兴趣。在这里，充电式办公桌成为了一处亮点。办公桌带电源充电系统，可自由移动，夜间集中充电，白天用电高峰期利用桌内蓄电池办公，避免了高峰期集中用电，同时结合无线网络，实现随处办公、自由办公的新方式。

KOKUYO东京品川办公楼倡导与自然共存的办公空间理念。在体验环保办公的实验办公室里，安装有自动感应装置的照明设备，根据屋外日光照度自动调节亮度呈现最自然的光；还可自动感应外界温度变化，具有可以自动开合的外窗、采用森林废材制作的会议桌、落地窗。通过落地窗，可以将花园尽收眼底，在工作的同时，时刻感受大自然的四季变化，在一年四季中与大自然融合。

在风和日丽的日子，更可以在屋外办公，与大自然亲密接触。哪怕是在严冬酷暑，也不乏员工在此办公。通过这种自由的办公空间设计，人与人的交流更加流畅，在KOKUYO环保办公室里，随处可见对环境的考量，以及为提高工作效率而做出的努力（图12c）。

图11a 休闲吧　　　　图11b 会议室　　　　图12a KOKUYO东京品川办公楼建筑外观　　　图12b 内部办公区　　　图12c 前台接待

05 LOFT类
办公空间

随着城市经济模式的变化和城市边界的扩张，越来越多原本位于城市中心区域的旧工业建筑已经不能再承载其原本的功能。但是，这些旧工业建筑使用时间短，在功能上还有较大的使用价值，更重要的是，改造项目可以以原有的基础设施为依托，有效减少投资方和政府的前期投入，经济效益高，并且符合低碳、环保的生活理念。

LOFT的概念来源于20世纪50年代一群生活贫困的艺术家们，他们以在以前的工业建筑作为生活、工作处所，开始了LOFT生活。工业建筑的主要吸引力在于它的租金低廉，艺术家们租用得起，而且它的空间足够大，可以兼顾生活和工作。这种住宅兼工作室，就是现代LOFT的始祖。

一、LOFT的概念 与历史沿革

LOFT在牛津字典中的解释为："在屋顶之下、存放我们东西的阁楼"。但现在所谓LOFT指的是"由旧工厂或旧仓库改造而成的，少有内墙隔断的高挑开敞空间"，这个含义诞生于纽约苏荷SOHO区。现在办公空间中LOFT的内涵多是指高大而开敞的空间，具有流动性、开发性、透明性和艺术性等特征，在20世纪90年代以后，LOFT成为一种席卷全球的艺术时尚，我国也在此时开始出现改造和利用工业建筑成为文化创意空间的现象，最早的是两个同样以LOFT为英文名字的艺术空间：北京的藏酷新媒体空间和昆明的创库。前者改造了北京机电研究院的仓库，后者则改造了昆明机模厂的厂房。此后影响力较大的还有北京的798艺术区、上海的苏州河畔等。时下，国内涌现一大批LOFT形式的艺术家工作室。如今LOFT总是与艺术家、时尚、前卫等词联系在

一起，可以说，LOFT是由艺术家所创造产生出来的，在一开始就与艺术有着千丝万缕的关系。

LOFT的产生，可归于两方面的原因：一是环保，随着社会的发展，必然有不少旧厂房因各种原因被遗弃，拆除它们需要大量的人力和物力，"废物利用"就是环保的一个重要原则；二是这些厂房往往也记载着一个区域的某段历史，甚至曾见证过辉煌，因此也是历史文化的一部分，只要在与现代环境协调方面进行认真设计，对其精华部分给予保留，有助于展示地区的文化底蕴。

二、案例分析

1. 北京大山子艺术区（798艺术区）

建于20世纪50年代，位于北京城东北角，四环之外的机场路东南侧大山子地区，苏联援助中国时由德国建筑师设计建造，包豪斯的设计理念至今依然有所体现。它从一片破败得默默无闻的厂房区一跃成为闻名中外的当代艺术中心区。这里汇集了大量的艺术机构、艺术家工作室、文化中心等。厂房、烟囱、标语和各种现代艺术形式混杂在一起，构成了强烈的视觉和文化冲突。

艺术家和文化机构进驻后，成规模地租用和改造空置厂房，逐渐发展成为画廊、艺术中心、艺术家工作室、设计公司、餐饮酒吧等各种空间的聚合，形成了具有国际化色彩的"SOHO式艺术聚落"和"LOFT生活方式"，引起了相当程度的关注。经由当代艺术、建筑空间、文化产业与历史文脉及城市生活环境的有机结合，798已经演化为一个文化概念，对各类专业人士及普通大众产生了强烈的吸引力，并在城市文化和生存空间的观念上产生了不小的影响。

图13a 厂房外观　　图13b 厂房内部　　图14a 昆明创库　　图14b 昆明创库　　图15a 室内天景　图15b 办公室　　图16a 田子坊　　图16b 田子坊

图16c 接待　　　　图16d 报告厅

以798厂为地主厂区建筑风格简练朴实，讲求功能性，巨大的现浇架构和明亮的天窗为其他建筑所少见。它们是50年代初由苏联援建、德国负责设计建造的重点工业项目，几十年来经历了无数的风雨沧桑。伴随着改革开放及北京都市文化定位和人民生活方式的转型、全球化浪潮的到来，798厂等这样的企业也面临着再定义、再发展的任务。随着北京都市化进程和城市面积的扩张，原来属于城郊的大山子地区已经成为城区的一部分，原有的工业外迁，原址上必然兴起更适合城市定位和发展趋势的、无污染、低能耗、高科技含量的新型产业。大批艺术家文化人的入驻，正是这一历史趋势的反映（图13a、图13b）。

2. 昆明的创库

又称上河车间，原来是昆明机模厂的生产车间，废弃后，20余位云南艺术家在此安营扎寨，创建工作室，并兼具休闲、餐饮、展览等功能，里面有酒吧、画室等艺术活动场所，其中乐队演出、画展等活动不断。从此创库成了世人瞩目的体现昆明艺术家先锋性的标志。

它是中国第一家LOFT，正是有了云南艺术家们在"创库"模式上所做的开创性努力，才有了后来北京的798、上海田子坊，以及深圳、南京、重庆、成都等地类似昆明创库这样的LOFT工作基地的相继建立。昆明创库也被世界著名人文刊物《国家地理》杂志列入国际通用旅行手册，成为世界关注的中国最前沿的艺术文化社区（图14a、图14b）。

3. 上海田子坊

原名田子方，是画家黄永玉借用《庄子》中一位画家的名字而命名的，随后，黄永玉取其谐音称为田子坊。田子坊在政府整体规划、功能定位、业态调整、环境的改善和建设方面做了大量工作，吸引了五大洲四大洋的艺术家们在田子坊联结在一起。

1998年冬，著名画家陈逸飞、尔冬强、王劼音、王家俊等艺术家和一些工艺品商店先后入驻田子坊，其内部一座五层厂房已被改建成都市工业楼宇。在5000㎡内吸引了10个国家与地区的艺术人群，他们在这里设立了设计室、工作室，中西方文化在这里交融、碰撞，闪烁着光和热（图15a、图15b）。

4. 马德里博坦基金会的新办公室

博坦基金会在马德里建立了它的新办公室，是由建筑设计师Gonzalo Aguado设计的20世纪20年代的工业建筑，过去多年曾经是Luis Espuces银匠工作室，最近也曾经是马德里Vincon商铺（图16a、图16b）。

这座建筑尝试保留原来的工业属性的精神，运用原始钢和砖结构，揭露建筑历史中的变迁；保留一些存在着历史记忆的旧砖墙。相比之下，新的结构主要有柞木、钢和玻璃，用新旧材料之间的对比来体现这座建筑物的历史变迁。

原建筑由于是工厂，因此能提供良好的采光，自然光可以进入整个建筑。为了增加采光，不仅增加了填充墙的窗户并开启天窗，而且室内的结构也局部改变，增加了一个通高中庭，作为主要的大厅。自然植被和自然采光使办公室十分舒适和个性化。

一层用于公共活动，因此要求其开放而富有变化，而不是封闭模块化。有两个可动的分区，一个不透明另一个透明。根据不同活动，空间可以轻松变换以适应各种要求，实现空间的多功能利用。地板及天花板使用天然木材，增加了空间的温暖感。

二层用于基金的管理，包括一个私密的会议区域和宽敞明亮的开放空间。两个区域都为自然光源和中庭围绕，中庭的设计很好地融合了上下空间，并把自然的气息带入其中（图16c、图16d）。

06 复合类办公空间

如今的办公空间除了要满足人们生理和心理上的满足，还要遵循"以人为本"的设计理念，在满足基本的办公功能外，将会议、餐饮、娱乐、健身、休憩等功能与之相结合，满足现代社会人们多样化的办公需求。同时随着绿色环保理念的提出，办公方式和办公环境呈现出生态化、智能化、复合化的发展趋势，以适应日新月异的现代社会。

一、办公空间的功能复合化

办公空间的功能空间，通常由员工办公空间、公共接待空间、交通联系空间及服务辅助空间等构成。主要办公空间是办公空间的核心内容，一般按照功能需求和工作性质分为不同的大小。公共接待空间主要是指用于进行聚会、展示、接待、会议等需求的空间。交通联系空间主要指用于楼内交通联系的空间，有门厅、大堂、走廊等。服务辅助空间则用于提供信息、资料的收集与整理存放的空间以及为员工提供生活、卫生服务和后勤管理的空间，通常有资料室、档案室、文印室、员工餐厅、卫生间等。现代办公空间需求的多样化和工作节奏的加快，使得办公空间的功能被进一步细化，功能之间有复合、交叉的趋势，如融合工作和生活，提供开放的空间，使员工能够把工作和休闲结合在一起。提供茶水吧、图书室、健身房、休闲厅等辅助功能空间来进一步完善办公室的功能空间，缓解工作人员的工作压力，改变传统办公室的单调乏味，使得办公环境更加舒适、多变，成为能激发人们灵感和提高工作效率的空间。

未来理念的办公空间设计是"生活化和个性化"的方向。办公大楼上有"企业花园"、豪华型的高尔夫球场等。办公由室内转向室外，由办公走向生活，使高层工作人员在工作时生理和心理都处于良好的状态。

二、案例分析

1. 匈牙利首都布达佩斯Google办公室

Google办公室一向以其快乐场景和有趣的设计闻名全球，谷歌办公室设计讲求人性化，力求满足员工的各种工作需求，让员工有亲切感。此外，谷歌办公室里面也充满了各种奇怪、好玩的创意玩意儿，给员工带来新鲜感。这种体验设计蔓延至全球各处，越来越多的公司力求通过抽象的主题包容多元文化，给员工提供一个以人为本的高效办公室。

匈牙利首都布达佩斯的Google办公室根据自己的地域个性进行了设计，并赋予空间地域性的主题。布达佩斯以温泉闻名，全城遍布了各种或古老或现代的浴场，人们喜爱玩水，而匈牙利人在水球运动上更是获得奥运会九枚金牌与世界锦标赛三枚金牌。因此新办公室以温泉和水球为概念，符合匈牙利的地域文化，在室内设计中融入浴室风格和蒸汽浴室风格、水球馆风格、室外沙滩风格等。

Google在设计时不仅注重其外在形式，而且坚持要求使用便宜再生材料。因此设计师打算用各种匈牙利风格的回收品，将Google这么一个现代网络公司与布达佩斯的地域特色进行结合，打造出传承布达佩斯特色古董家具和旧浴场的新物件与新场所。

在办公室中，用各种风格的印刷壁纸是区分办公室区域的主要手段之一，实木和其他材料也是重要的点缀。屋顶暴露的管道涂上五彩颜色的Google标示，给场所来带一丝工业化的味道。并与大量绿植进行搭配，使空间充满人性化，营造积极欢乐的场景。地面采用了模仿混凝土质感的地毯和模仿水效果的乙烯基地板，员工还可以根据自己的想象力来装点空间（图17a、图17b）。

图17a 娱乐区　　　　图17b 讨论室

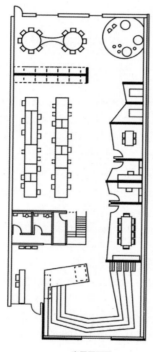

底层平面图　　　　　　　夹层平面图

图18a 平面布置图

2. 洛杉矶Hybrid Office——混合办公室

办公室位于洛杉矶，业主为一家有着30多人的创意媒体公司。这间概念办公室方案由来自加州的Edward Ogosta Architecture设计。方案名为Hybrid Office——混合办公室，或者称为"合成办公室"。所有功能分区皆集合在大空间之内，不同的分区有着各自的形态，之所以叫作Hybrid Office "合成办公室"是源于不同形态的空间有着其最初的

"来源"。办公室内的图书室看上去有些像希腊的露天剧院，这其实是书架与露天剧院形态的混合结果。一些像小房子的办公桌来自房屋和桌子的结合；大树和座椅的结合产生了像大树屋一样的座椅……这些结合让办公室内的每个空间都能追溯到其本源。

这些设计非常有趣，还让不同属性的空间有了适合的尺度与私密性，使办公生活轻松而欢乐（图18-a、图18-b、图18-c、图18-d、图18-e、图18-f）。

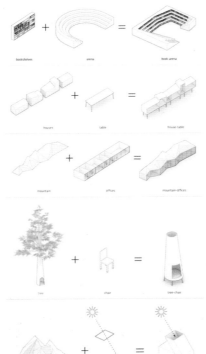

07 虚拟办公空间

人类的社会发展史充分说明了人类的生活方式是人们在探索自然、发现自然的时候逐渐形成的思维方式，而人们生活方式的改变更是引起了物的改变，也逐渐改变了办公空间的设计方式。

21世纪是网络时代，目前世界500强企业中50%来自信息通信产业，从这点可以看出，未来是一个信息的世界，一个依赖于数字化生存的世界。21世纪人类的工作方式再次发生变化。在信息时代便捷的沟通方式使人类可以选择弹性的工作地点或弹性工作时间。弹性工作时间是人们可以任意选择工作时间并使得团队二十四小时都处于工作状态，也就是说，工作时间和地点更灵活、提高了社会就业机会。

SOHO家庭化办公空间在很长一段时间内会成为越来越多人的选择，SOHO概念的房地产开发项目也会有了长足的改善，并且除了完善室内的各项设施之外，还更加注重了户外、小区内的景观、自然环境的规划。

一、 生活和办公空间一体化

现代办公空间设计正在极力模糊居家与办公空间之间的界限，未来的家庭化办公室，应是温馨的、愉快的、临时的或适当个性化的。虚拟办公相对于纯粹的公寓和办公楼而言，对房屋的空间、停车场、水电等资源达到了最充分的运用，而且极大地减少了城市的交通压力和空气污染。

多数使用网络的SOHO族还是在家里工作，尤其是自由职业者和个体劳动者，他们已长时间习惯于在家里完成他们的工作。因此设计师针对这一人群，围绕起居、会客、办公进行设计，使得住宅的公共部分是流动的，最重要的是能把办公和居家功能结合在一起。

二、 虚拟办公的局限性

虚拟办公室并非虚拟的，它是一个实体存在的办公室，现代化的虚拟办公室又叫服务式办公室或柔性办公基地。随着自由职业者的增加，这些自由职业者只是偶尔在这里上班，通常会在家中或者公司上班，但他们又需要这样一个实体办公室，虚拟办公室能使这些人群拥有企业形象。虚拟办公是时代发展的产物，它具有高移动性和灵活性的特点，是未来办公空间的重要趋势之一。

但是，随着各种通信工具的发展，移动办公室等这类虚拟的办公室在给人带来方便快捷高效率的同时，也带来了一些心理上的孤独感及疲劳感。电脑和网络代替不了人与人之间的沟通和交流，沟通的作用在网络时代越来越重要。所以从长远的角度来看，虚拟办公应更加注重人性化的需求（图19a、图19b、图19c）。

图19a 虚拟办公

图19b 虚拟办公   图19c 虚拟办公

08 未来的办公家具

随着未来的办公空间向着环保节能化、生态绿色化、智能化办公、功能复合化、LOFT办公、虚拟办公的方向发展，未来的办公家具也将有所改变。办公室的智能程度并非靠电脑数量来判断，人性化和高效化才是体现智能的关键。

一、交互桌

在办公室的硬件设备中，桌子可谓是无处不在，但目前桌子只有承重和装饰功能，在未来办公室中，桌子机械化、点子化的痕迹会越来越重。

来自德国亚琛工业大学工作与认知心理学系和媒体计算机组的莫特·维斯、西蒙·沃尔克和简·博彻斯设计出了全新的工作站原型——BendDesk。BendDesk主要由三部分组成：电脑主机、连续弯曲触控屏、图像投影设备。其中连续弯曲触控屏由亚克力板构成，负责显示投影的图像，且同时接受多点触控操作和手势控制。亚克力板的连续弯曲触控屏在实际使用中相比柔性弯曲屏，不仅耐高温和抗冲压，而且即使损坏了，更换成本也远小于柔性弯曲屏。在使用时，用户可以先放大文档，然后使用高敏触控笔直接在平行的触控屏上书写，临时挂起的任务或参考文档则放在竖立的屏幕上供随时查看，弯曲的连接部分显示主要的APP等供用户快速切换工具。一体化的桌面使电脑和桌面整合得更加完整，提高了整体的工作效率（图20）。

二、全息投影

说到未来的会议室，很多人的第一反应就是科幻电影中的3D全息立体成像桌，这些图像不仅是3D立体显示，而且可以用手操控把玩，让人遐想不已。事实上，这并不遥远。

美国加州Infinite Z公司研发的Z Space显示系统已经将3D全息显示和操控带到了我们面前。该系统由3D平板电脑、红外线操控笔及3D眼镜构成。3D平板电脑上安装的追踪人眼的摄像头和侦测红外线操控笔的传感器是整个显示系统的关键。使用时，红外线笔跟踪传感器能检测到红外线笔的位置和动作，并反映在3D图像上；与此同时，摄像头会实时追踪眼镜位置并测量平板和眼镜距离，以此来改变平板电脑显示的3D图像的纵深位置，让用户看到完整而立体的图像——用户甚至能看到被红外线操控笔拖出屏幕外的3D图像，非常奇特。在未来，Z Space可以扩张到整个大型的桌面，3D全息会议桌就不再只是梦了（图21）。

三、信息之墙

信息技术高速发展的今天，白墙加画的配置对于高效运作的办公室来说显得略微过时了一些。在研究人员看来，墙面需要由静变动，成为公司内部信息传播的新途径。投影+手势识别，是目前信息互动墙的主要研究方向，Tangible的Digital Graffiti Wall、Lumen的Kiwibank、松下的Panasonic Digital Wall、Ubi Display及TouchMagix的MotionMagix都以此为蓝本进行互动信息墙的开发。

以Ubi Display为例，整个系统由输出终端、投影机、手势追踪传感器和墙面四部分组成，输出终端通过投影机将画面投射到墙面上，而每当有人对墙面信息作出手势反应后，手势追踪传感器就会检测到动作并将数据传到电脑的运算引擎，并将计算后的画面继续投射到墙壁上，形成循环和互动。当然，由于是手势控制，如何来设定手势指令并让用户最快且最自然地学会与使用，是研究人员未来的主要研究课题之一（图22a、图22b）。

四、个人室内交通

未来的办公室中，人的座椅和交通是否会有所改变？本田集团以全方位个人交通设备UNI-CUB告诉我们，未来的椅子是可以走路的！

UNI-CUB的主要部件是全方位驱动车轮机构，这种由大直径车轮和小直径车轮组合而成的结构可以满足前后左右各个方位移动的需求。其主要控制机构在座椅部分，座椅安装了类似游戏机的摇杆控制部分，人只需要向想移动的方向倾斜身体，摇杆便会感知并将移动指令传达给全方位驱动车轮机构，最高速度可达到6km/h，最长续航距离为6km。UNI-CUB的最大魅力在于，乘坐者使用习惯后会无意识地将其作为身体的一部分娴熟地操作。坐在UNI-CUB上面和人站立的高度一致，方便乘坐者交流谈话。这种个人交通工具的普及将改变现有工作形态，甚至居住形态（图23）。

图20 交互桌
图21 全息投影
图22a 信息之墙
图22b 信息之墙
图23 室内交通

5

CHAPTER 5

办公空间精彩案例解析

信息技术的发展加上快节奏的城市生活，人们的生活形态和工作方式发生了巨大的变化，办公空间已然成为了现代人生活的中心。因此，办公空间的设计直接关系到了员工的工作心理状态和工作效率。本章就新的工作形态所产生的新的办公空间进行案例展示，选取的实例都是在办公空间设计前沿具有典型且延续性的作品。

01 GMS置业公司办公室

（英国Emrys Architects设计）

英国Emrys Architects为GMS置业公司改造了一个引人注目的现代办公空间，该空间的一部分加建在老建筑后方的天井中（图01a、01b）。

人性化设计的核心是关注于人本身的多方面需求。人是办公空间的主角，也是办公空间设计的主题和服务目标，人的需求决定着设计的方向。"以人为本"的设计理念使设计师开始把更多的目光从产品转移到使用者——人身上，设计出更符合人性化的办公环境是设计师未来的另一个目标。在信息社会里，网络和虚拟社区并没有使人与人之间的关系变得更为密切，反而强化了个人的孤独感和私人化的生存方式。在竞争激烈的社会里，人们更需要有一个舒适方便、功能齐全的办公空间，在繁忙的工作后希望有一个贴心温暖、可以恢复疲惫身心的家，设计承载了慰藉人类心灵的重任。

人性化设计和环保意识将在办公空间设计中得到充分体现。未来的办公空间无论是外观、内部空间还是整体设计都将"以人为核心"，一切有关的素材、技术都要考虑到人的需求，包括视觉、听觉、触觉、味觉，乃至安全等。布局、通风、采光、人流线路等更加人性化，更加贴近大自然，体现出一定的精神功能。室内季节性温差调节、自然风的转换、降低日常费用消耗，风力、电能、太阳能的利用，使得人性化的办公空间实现了先进科技与人文的平衡与和谐。

GMS置业公司办公楼位于伦敦，在格雷斯酒店附近的詹姆斯街道，占据了两栋五层联排房屋。这里是伦敦乔治亚风格保存完善的地区，虽在二次世界大战中受到轰炸，但随后被修补，不过恶劣的条件只适合用作存储间。GMS置业公司在伦敦拥有高端业务，最近他们翻新了一些住宅和办公室出租，随后他们意识到自己的办公室也应该翻新。因此，这个缺乏自然光、动线混乱、空间拥挤的办公场所终于迎来了新生机会。业主希望办公室成为GMS置业公司的门脸，尊重詹姆斯街传统风格的同时并展现出当代风貌。

客户希望办公内部空间被解放，各部分能够更容易沟通（图01c）。建筑师为这个空间戏剧性地引入了一个放置在后院中的结构，彻底地改变了内部空间。当然面对街道的部分依旧十分传统，也保留了被当局认为十分重要的一些元素，如砖拱结构还有铁门等。至于全新的办公空间则被安置在一个闪闪发亮的铜色三角金属屋下，内部光照充足。深色的橡木拼花地板与白色的墙面形成对比（图01d、图01e）。顶层的折面天花造型与建筑屋顶的现代构造契合，下层的天花有着暴露的木梁结构。

屋顶的形状根据内部空间限制，以及不影响周围邻居等要素而决定，最终是一个非同寻常的三角屋顶形式。起伏的屋顶增加了内部空间局部高度，提升了空间潜力。屋顶外覆盖着与周边联排建筑相协调的咬合式青铜合金金属屋面（图01f）。

图01a   图01b   图01c   图01d   图01f

02 荷兰锡塔德银行办公楼
（mecanoo事务所设计）

该银行位于荷兰的锡塔德，当地以铜绿色的橡木和柔和的黄色泥灰岩而闻名（图02a）。这里靠近锡塔德车站，荷兰合作银行（Rabobank）要在此建造咨询中心，整合其他分部，中心内共有320名员工。这里为顾客和员工营造了开放、友好、知识共享的工作环境，鼓励推进新政策。银行拥有大量的客户，有很多是企业家，还有很多是自由职业者。该项目获评为BREEAM优质建筑，属于绿色建筑，可持续性好，节能高效，充分利用Chemelot工业区的余热供能。室内有可控的通风、加热和制冷系统，比较节能。天气温暖时，外部的透明屏风会自动打开，充分利用太阳能。天窗的设计改善了室内的采光效果，保证光线充足。

银行坐落于小山上，附近是社区，进去后，你会看到曲面的天花板设计和天窗，感觉这里不像是个银行。继续走到楼上会发现这里内部的通道设计很有特色，像是一条条的白丝带，周围是之字形的楼梯，很有设计感（图02b）。

这里的中央大厅其实是礼堂，空间布局非常灵活（图02c）。内墙是采用橡木板建造的，富有整体感，内部的家具也是橡木的，室内还有60米的透明窗帘。建筑师采用黄色泥灰岩和黄白色的砖建造银行，上面是方形的窗户，比较有质感。银行的一层还有餐厅对公众开放，礼堂也是开放使用的。楼上的办公室是员工专用的，不得随意进入。在这里，员工可以自己选择合适的工作地点（图02d、图02e），如小型办公室、适合团队合作的大办公室或是办公桌，员工们可在此相互交流、分享经验，工作氛围融洽。这里还有大大小小的会议室，音效比较好。

图02a   图02b   图02c   图02d   图02e   图02f

03 美国Target 公司办公室

（Rottet Studio团队设计）

图03a　　　图03b　　　图03c

Rottet Studio设计团队，根据Target公司独特的公司文化，为其量身打造了一个放松休闲的工作空间。对于该公司营销策划部门的员工们来说，这个位于纽约市郊的办公室，更像是一个家而不仅仅是一个办公场所（图03a）。

Target公司需要的是一个开放而且灵活多变的大空间，打开就是一整个超大的地方，拆开来就能变成两个独立的相对比较大的办公区域（图03b、03c）。

04 韩国汉南洞HANDS 公司办公楼
（THE_SYSTEM LAB设计）

图04a   图04b   图04c

这是由THE_SYSTEM LAB设计的韩国首尔汉南洞HANDS公司总部。作为交通繁忙地段的一个体量不算大的建筑，该项目要求具有一定的标志性（图04a、图04b）。而建筑立面作为城市的风景组成之一，不允许行人或汽车之间形成视线交流。该项目则是打破这一陈规，让环境（行人、居民）与建筑之间形成自然的视线交流，加强该建筑在城市风景中的作用。曲线的形式也增强了停留者对空间产生的趣味性，看似混乱，实则相同颜色的面有着相同的曲率（图04c）。

05 匈牙利Skyscanner 公司办公室

（Madilancos Studio）

图05a　　　图05b　　　图05c　　　图05d

Madilancos室内设计工作室，为机票搜索引擎公司Skyscanner在匈牙利的布达佩斯打造了一间新办公室。这间办公室是Skyscanner公司的软件研发中心，包括IOS和Android系统的开发工程师、设计师、研发人员，还有产品经理，都在这里集中办公。

产品本地化是个趋势，办公室设计也是一样。设计师们在会议室里和午餐桌的上方，悬挂了匈牙利风格的照明灯具（图05a、05b），会议桌上方挂的是一张布达佩斯大地图。嵌入式的家具是在当地专门找人定做的，来自布达佩斯市的公司员工集体照，就画在那面令人惊奇的800像素、13.5米长的墙壁上。

06 英国The Foundry 联合办公室
（Studio Wolfstrcme and Architecture团队设计）

The Foundry是伦敦沃克斯豪尔的一个联合办公空间，这里为人们提供办公室、会议室、会谈室，还为关注组织机构的人们，专门打造了展览室（图06a）。入口处安装在混凝土墙面上的The Foundry标识LOGO是用胶合板激光切割出来的，蓝色的山形墙上安装着推拉门，门上分别写着"进"和"出"两个字。

展览室的艺术品，是基于从古至今的伟大思想家和人权领袖们的语录制作而成的。用金属经电镀做成的名人名言摘录，被刻在楼梯的架子上，反映出这里的自然中性。整个办公空间的水泥墙壁和白色墙壁上，都刻着那些引自名人的美词佳句，营造了一个能够反映该场所本质的独特氛围（图06b、图06c）。

图06a　　　图06b　　　图06c

07 新加坡Booking.com 公司办公室

（新加坡建筑设计公司ONG&ONG设计）

2014年，新加坡建筑设计公司ONG&ONG，为全球酒店预订公司Booking.com，在当地打造了一间新办公室（图6-7a）。因为其主营业务的关系，这家公司需要熟知不同的景点及地区文化，展现出多样化的特点，因此，设计师根据不同地方的需求专门设定不一样的办公空间，来满足这种多样化的要求。

为了实现不同的用途，办公室里设立了不同区域，如学习区、工作区、就餐区、娱乐区等（图07b、07c、07d、

07e、07f）。虽然整个空间被划分成了不同的部分，但是公司要求不能影响内部的连续感和员工之间的交流互动。为了达到这个目的，设计师们在室内最中心、最醒目的地方，增加了一个协作中心。别出心裁而又兼具功能性的设计理念，让这间办公室令人印象深刻，无论是员工还是顾客，在这里都会觉得舒适轻松。

图07a   图07b   图07c   图07d   图07e   图07f

08 香港Leo Burnett 公司办公室
（Bean Buro团队设计）

Bean Buro设计团队为世界级的创意机构Leo Burnett公司，在中国香港打造了一个创新型的协作办公空间（图08a）。整个办公场所面积达35000平方英尺，包括上下两层和一个大大的室外阳台（图08b）。这间新办公室，符合Leo Burnett创意公司对动态工作环境的需求，设计师在里面布置了一些不同类别的区域，如开放的工作区、半私密的讨论区、私人会客室，以及封闭的小办公室（图08c、图08d）。

设置在接待区的那些雕塑作品般的会议室，是这里的主要特色。受九龙地区历史悠久的造船业启发，设计师打造出了这些船型外表的会议室，一眼望去，它们就好像是漂浮在弯曲的拱肋和墙壁之间的小船（图08e）。封闭的办公室位于建筑向阳的那一边。这样的设计，能够最大限度地使室外的自然光投射到开放式的办公区域里面。

图08b   图08c   图08d   图08e   图08f

09 加拿大金色科技创业办公室

（Henri Cleinge ARCHITECTE设计）

金色"朝阳"一开放自由，与历史和谐共处的现代化科技创业办公室.Crew办公区前身是蒙特利尔老城圣雅克大街上的一家皇家银行，现在是一家科技创业公司的办公区，面积有12000平方英尺，办公区内还设有咖啡馆，对自由职业者和公众开放。该项目面临两个迥然不同的挑战，第一个挑战源于客户要求——如何架构建筑关系并根据功能进行分区。第二个挑战是如何对文物建筑设计方法进行进一步探究。

鉴于项目较为复杂，故不同工作空间之间需要有流动性。办公区有部分区域是Crew公司正式员工的办公区，内有会议室以及办公室。其他地方将会按周或者按月租给自由职业者。这些租户也有权使用会议室。临时工或者公众也可以去咖啡厅坐上几个小时，咖啡厅内有无线网，还有能放电脑的储物柜。这样一个环境能促进正式员工和临时员工之间进行相互交流，从而在科技公司里形成了一个联合办公区。

鉴于银行柜台窗口和皇家银行见证了一个时代，以及其深厚的文化背景，设计师将其作为设计的重点，对其进行重新定义，再现其繁华景象。这栋建于1926年的建筑里的内饰巧夺天工华丽大气：镶嵌大理石地板，彩绘石膏天花板吊顶，定制黄铜吊灯，以及柜台窗口等黄铜制品。面对文物建筑，设计对于现有情况的表达，再利用以及尊重都要经过仔细权衡，与此同时还要考虑到新建部分要反映这个公司的定位和身份。镀铜钢贯穿了整个设计，运用于四四方方的小办公空间，以和原有的华丽黄铜元素对话并形成对比。会议室和会议室被直墙分隔开，外部覆盖镀铜钢，内有玻璃隔断和水平吊顶。新建部分作为辅助部分，原建筑仍为主要部分。人们只有亲身处在这个空间一段时间，才能够去欣赏这个新设计。

图09a　　　图09b　　　图09c　　　图09d

10 青年俱乐部办公室
（伊斯坦布尔KONTRA室内设计事务所设计）

伊斯坦布尔最具盛名的室内设计事务所KONTRA将一个古老的工作室改建为一个青年机构的办公室（图10a）。门厅天花板高6米，装饰有灰色带锈的金属板。办公室内部装饰风格体现了该机构的运营理念。办公室内色彩多样，充满生机，仿佛时刻提醒人们保持年强心态，有利于激发创造力，为员工提供可以专心工作或放松的环境。这处开放式布局的办公室中央是核反应堆形状的集聚区，可用于交流。集聚区有一张自其成立以来便使用着的桌子，提醒着人们该机构的历史。办公室里彩色的储物柜使人联想起大学校园（图10b）。办公室里还有带有黑板的紧急会议区。墙壁、门、图书室等部分使用了刨花板，其他部分也大量使用了天然材料。桌子后的橘树为室内增添清新色彩。办公室内随处可见色彩鲜艳，形状各异的书架，以便员工们随时思考、查阅（图10c）。办公室的其他空间也沿用了鲜艳的色彩和图案，整个办公室气氛活跃，迎合了主题（图10d）。

图10a   图10b   图10c   图10d

11 Buck O'Neill 建筑办公室

（Jones|Haydu设计）

位于美国加利福尼亚州旧金山波特雷罗山附近的Buck O'Neill Builders办公室是由旧金山的工作室Jones|Haydu设计的。这个办公室属于一个践行环保的年轻建筑公司，办公空间展现了他们丰富的建筑技巧。办公室面积不大，但净高很高，中间有一个夹层，正面是玻璃结构的（图11a、图11b）。工位之间分隔并不完全，还有一个私人办公室和一个会议室。办公室里还建了厨房，有利于扩大办公室的功能，使室内光线更加充足，促进员工之间的交流。选用的建材和建材的色调变化较少，设计师将更多注意力放到绿色可回收材料的应用上。工位之间的分隔墙、门厅墙壁和悬臂式的台阶都使用了可回收的花旗松木（图11c、图11d），工作台使用了paperstone，会议室、卫生间和厨房里则大量使用了软木瓦片。墙壁和天花板上没有VOC涂料。每个工位都安装了独立暖气，整个办公室里的焦点是活的植物形成的绿色墙壁。

图11a　　　图11b

图11c　　　图11d

12 韩国首尔蜻蜓DMC 办公大楼

（iArc Architects设计）

这是由iArc Architects设计的蜻蜓DMC办公大楼，建筑特色在于充分利用了光线。根据客户要求，建筑采用了软性内表皮以及刚性外表皮（图12a）。为了最大限度利用土地，建筑中心是中空的，利用光线进入。办公室内部创建了新的体验方式，如办公大楼核心位于楼层的边缘，而不是建筑中央，中央的开敞空间利于空气流通，并可将日光引入建筑。核心周边的双层外保温系统负责控制日照，它能将通过中央孔的直射阳光渗透到内部办公区域（图12b）。

透明的空间折射出使用者的行为，并将办公室的各部门连接在一起。中央空敞的办公室空间激励使用者在这里创造新的关系与新的办公环境。"智能办公"的设计加强了使用者的归属感，使得使用者自发在此工作。每一层的办公室分为4个部分，每个部分可以灵活布局，以满足不同功能的需要。开敞、少隔间的室内布局更利于提供员工一个放松的办公环境。建筑外表皮采用了外墙保温系统，节省能源。其可移动的立面元素，使得使用者可以自由控制办公室的开敞程度（图12c）。

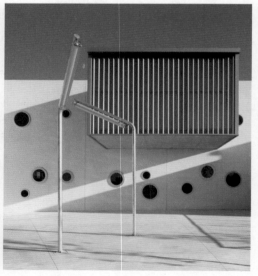

图12a　　　图12b　　　图12c

13 美国Joint Editorial 办公室

（Vallaster CorlArchitects的设计师ArminQuilici设计）

Joint Editorial的办公区域被分割成了好几个小块，而新办公室就在老办公室对面那条街上，新办公室里的工作区域更紧凑统一（图13a）。这间新办公室原先是美国通用公司的办公室和仓库所在地，这是个开放的大空间，具有漂亮的拱形天花板、钢制窗户，还有通透的自然光线。由于Joint Editorial编辑的工作性质，每一位编辑都需要一间独立的工作间，与此同时，他们也需要一个公共的大空间来进行交流沟通，来一场集体讨论或者聚在一起闲聊一番（图13b、图13c）。

负责该项目方案的是来自Vallaster Corl Architects的设计师Armin Quilici，为了满足以上这些实际需求，他专门在空间四周设置了一圈私人办公室，然后在室内设计出两块较大的用通道连接的封闭区域。空间的正中心部分，就是公共的大区域了，这里既是厨房餐厅，又可以当做客厅来使用。虽然整个空间不得不按照需要被分割为几部分，但总体感觉仍然是开放而明亮的。尽可能选用简约的装修材质，这样更能突出建筑本身的特性，从而打造出一个既舒适宜人，又能够最大限度地反映出Joint Editorial公司休闲风格的办公空间（图13d）。

图13a　　　图13b　　　图13c　　　图13d

14 马德里谷歌办公室
（伦敦的建筑设计公司Jump Studios设计）

谷歌公司刚刚在西班牙的马德里，开放了一间面积27000平方英尺的联合办公空间，这个原先坐落在一家蓄电池厂的地方，成为了谷歌人学习、分享及成长前进的动力源泉。这个新办公室，是由伦敦的建筑设计公司Jump Studios一手打造而成的。这座19世纪的电池工厂，有五层楼高，一些地方还保留了老式的红砖墙。他们在对整个楼进行完全检查后对区域做出了重新的布局，在北边开辟了一个新的入口，用了有现代感的黑色金属且贯通两层（图14a）。

整洁大胆的图形线条，反映出了该办公室受马德里实际街景启发而做出的整体构图方案（图14b、14c）。马德里的这间办公室里，二楼和三楼都是谷歌的员工工作区，设计师们在私密会议室那里配上软垫子，还订制了一些可移动的休息长凳，构建出了一个灵活多变的办公场所。旁边是一个可

以喝咖啡的休息区，进来的人需要穿过公共休息区才能到达办公室，以营造出一个轻松的，有自由交流气氛的办公区。

红色的砖墙被保留了下来，有一种原始的工业感。而西班牙式的拱形窗和不同样式的彩色沙发，让室内显得活泼而自由，呈现出多元化特点（图14d）。

办公室的墙上装饰着当地的艺术家设计的画，是与马德里城市相关的主题（图14e），从中可以看到毕加索和印象派画家华金·索罗拉亚·巴斯蒂达（Joaquín Sorolla y Bastida）对这所城市性格的影响。现代艺术、工业气息和西班牙民族文化奇妙地融合在一起，这也是公共办公室所需要的开放自由。

图14a 入口　　　　图14b　　　图14c 可容纳200人的多媒体礼堂　　　图14d　　　图14e

15 德国Onefootball 公司总部

（慕尼黑设计建造公司TKEZ Architects设计）

慕尼黑设计建造公司TKEZ Architects，为全球领先的足球公司Onefootball打造了一间新的总部办公室。这间新办公室位于柏林普伦茨劳贝格地区一个废弃的工厂原址上。Onefootball公司开发的应用程序，将全世界200多个国家的一千四百多万球迷联系在一起，让他们可以随时随地为自己喜欢的球队加油。TKEZ设计团队的任务，就是在这15000平方英尺的办公室里，为全公司90名员工打造出一个令人兴奋又极具专业性的工作空间。整个办公室设计得明亮开阔，而且具有多重功能，不仅能够促进团队之间的交流合作，还向全世界传达出Onefootball公司活力四射的激情。这个宽敞的空间拥有通透的光线，有单人或者双人思考间、办公室及会议室。

办公室内的地面引导标识被涂刷成一条醒目的绿茵跑道，墙面上装饰着箭头，球场等图案作为装饰，同时整个空间保留了原有的工业氛围，并以足够的挑高和落地窗带来敞亮感（图15a、图15b）。Onefootball公司这样表示："我们

希望员工不仅能在这里感到新鲜活跃，还能迸发出创作欲望。"

Onefootball公司办公室项目被设计成一个明亮、开放又多功能的工作空间，以展现年轻而又充满激情的公司形象。地面上，一条充满活力感的草绿色跑道十分醒目，巧妙地指引着人们走向空间开扬的办公室各处（图15c）。为了巧妙地为各个小组分配工作空间，宽敞的办公室场地被透明落地玻璃分隔成整齐划一的一个个的独立房间，形成不同的办公室和会议室，拉上窗帘，这些房间就能变得更私密和安静了。

办公场所的最中间是Onefootball竞技场，这个多功能的区域，是整个办公空间最主要的一部分，这里既是展示区、会议区和工作交互区，又可以用来发布足球大事或者用于公司聚会。在这个功能区里，后墙延伸到天花板的彩色挡板能透出背光，还安装了环回立体音响系统（图15d）。所有的员工，还有他们的家人朋友都喜欢到这里来，因为这里的气氛和条件都特别适合观看足球赛。

图15a   图15b   图15c   图15d

16 法国Siege Social De Meama办公总部

（Brengues Le Pavecarchitectes设计）

这是由Brengues Le Pavecarchitectes设计的Siege Social De Meama办公总部。目前，Meama已全面扩张，决定建立一个新的总部，以扩大生产面积，并重新设计办公空间。新建筑有着工业化风格，冷静而节制，其入口空间则以负空间设计为特点，在常规的几何形态中切割（图16a），这些空间的墙壁使用了象征企业的绿色。在夜间，因为光照影响色彩会更鲜明。室内布局设计，努力创建一个"谷歌风格"的工作氛围（图16b、图16c）。事实上，沿着植物墙走进去，办公区域配置了厨房和起居室，办公氛围开放而愉快。Meama自一开始就着重营造舒适的工作氛围（图16d、图16e），从而提高社会和效率优势，促进交流，建立员工之间的联系，创建共同动力目标。此外，它还为参观者和潜在客户显示了公司的动态形象。

图16a 办公楼外部夜景　　　图16b　　　图16c　　　图16d　　　图16e

17 荷兰BrandDeli 公司办公室
（DZAP团队设计）

DZAP设计团队为电视广告公司BrandDeli设计打造了位于荷兰阿姆斯特丹的新办公空间。建筑师将一个仓库空间改造为一个温馨的办公室，其设计理念旨在把这个空间变成一个像家一样的地方（图17a）。

其中一个挑战是，需要照亮这个仅在正面有几个大窗户的黑暗空间，为了解决这个问题设计师打造了一个天井使阳光可以照射进来。在一层，建筑较暗的区域用作会议室，复印区及酒吧区等。较明亮的二层包含一个更大的厨房、酒吧及接待处。这个长长的木质伸展元素将建筑前窗的光线与较

暗的后方连接（图17b）。厨房无缝地转变为一个接待客人和员工的咖啡区及等待区。休息室和工作区围绕着一个现代壁炉，同时它也被设计为等待区和图书室的分隔（图17c）。

厨房每天提供新鲜美味的食物，食物的香气和复古的地毯及许多休息空间，使员工感受到家庭般的温馨与舒适。空间中大多数工作站为开放空间，少数是独立的，设置了玻璃隔断，使光线可以自由流通（图17d、17e）。另外，砖墙也是这里的一大特色，它更凸显了整个办公室工业化的外观和感觉（图17f）。

图17a

图17b　　　图17c　　　图17d　　　图17e　　　图17f

18 上海文明广告公司办公室
（X & Collective Design团队设计）

X & Collective Design设计团队以竹林作为此次设计的主题（图18a），另外，砖墙也是这里的一大特色，凸显了整个办公室工业化的外观和感觉。办公室坐落于一栋改造后的老仓库的顶层空间，由两个单位组成，并且原业主在改造过程中给顶层增加了夹层空间，这样的改造使得两层楼面层高均有些紧张，并且两侧顶层分别为独立区域，只能通过底层联通，所以，X & Collective Design将底层前台区域设置为整个空间的中转区域。通过狭长的通道到达前台入口空间，搭建了一个如同林中小屋的使用空间，通过此空间将两侧的独立办公区连接起来。

进入办公区域，中央的独立办公室采用了镜面不锈钢表皮，希望能将其消隐在整体空间中，以达到放大整体空间的效果（图18b）。借用原有楼梯框架，延伸了楼梯入口区

域，并设置了一个可以放松洽谈及开放会议的独立区域（图18c）。在早些年的中国，痰盂是一种文明的容器，但同时，与其相连的行为又是一种不文明的象征。所以设计人员使用这个元素，在另一侧夹层区域的新建楼梯处墙面，重塑了业主的名称"文明"。在办公区，设计人员调整了格栅的形式，使其感受更柔软且集聚，以达到阻隔视线的作用。在另一侧楼上区域，设计师借用天窗的存在引入了室内绿植，并以此围绕布置了休闲区、健身区及会议室，让各空间在使用时均可以感受自然的氛围（图18d）。新的办公室希望为办公人员及客户提供更为放松及开放的工作环境，竹林可以使人放松，正君子之风。同时，也希望业主作为创意人可以冲破竹林的束缚，释放思想，解放心灵（图18e）。

图18a

图18b
图18c
图18d
图18e

19 迪拜FLASHEntertainment 公司办公室
（M+N Architecture团队设计）

M+N Architecture设计团队用位于迪拜的FLASH Entertainment公司的新办公室，再次向世人展示出该团队具有与知名客户合作，打造非常规、定制化办公空间的能力（图19a、图19b）。该项目的难点在于，用一个高度灵活的办公空间，营造出强大的品牌形象。灵活性的体现，就在于在这个480平方米的巨大开放式空间里，围绕建筑里的柱子，

巧妙放置两张像蛇一样的桌子，让它们在空间里盘旋（图19c、图19d）。这两张订制的桌子构建出了非正式会议区、沙发座位区及打印输出区。主要入口处和接待区被彻底改造，如今这里不单单是一个等候区，而且通过那个展示Flash公司大事记的悬浮迷宫，还能让来访者了解公司文化。这个迷宫同时还充当着入口区和操作区之间的过渡带。

图19a   图19b   图19c   图19d

20 土耳其Ziylan 公司办公室
（CBTE Architecture团队设计）

CBTE Architecture设计团队为土耳其最大的鞋类零售公司Ziylan在伊斯坦布尔打造了一间新办公室。CBTE Architecture觉得，Ziyan公司积极主动的动态架构，还有公司的奋斗历程，应该作为这个办公室的设计主题。因此，设计师的意图是恰当而合理地利用并整合这个动态的可移动的循环工具，再在活泼靓丽的色彩衬托下，更好地展现出公司形象（图20a、图20b）。

CBTE Architecture打造的这个工作空间，以开放式的布局为基础。工位设计的原则是不妨碍不同类型工作内容的交流沟通，并且可以给员工留下一定的自由挥发余地。Ziylan的综合管理办公室，整合了所有的设计部门的想法，会议室也被设计得独具特色（图20c）。